无师自通

分布式光伏储能系统设计、安装与应用

刘继茂　李伦全　文波　罗宇飞　编著

中国电力出版社
CHINA ELECTRIC POWER PRESS

内 容 提 要

储能是光伏和风电等间隔性新能源向前发展的一个重要保障，近年来储能产业每年以 30% 的速度递增，为了提高储能系统的安全，增加储能系统的收益，提高安装商的技术水平，作者总结十几年来一线工作经验，编写了本书。本书介绍了分布式光伏储能系统相关技术，旨在解决分布式光伏储能系统在方案设计、设备选型、投资收益计算、安装运维中遇到的问题。本书从储能系统概述开始，讲述了分布式光伏储能系统关键设备、系统设计、投资性分析和对比、安装和运维，以及储能系统拓展应用、设计过程。

本书可供分布式光伏储能系统工程安装商、投资商、设计院等单位工程技术人员阅读，也可供新能源从业人员参考。

图书在版编目（CIP）数据

无师自通分布式光伏储能系统设计、安装与应用 / 刘继茂等编著. —北京：中国电力出版社，2021.12（2024.7 重印）

ISBN 978-7-5198-6001-1

Ⅰ.①无… Ⅱ.①刘… Ⅲ.①太阳能光伏发电－电力系统－系统设计 ②太阳能光伏发电－电力系统－设备安装 ③太阳能光伏发电－电力系统－维修 Ⅳ.① TM615

中国版本图书馆 CIP 数据核字（2021）第 191116 号

出版发行：中国电力出版社
地　　址：北京市东城区北京站西街 19 号（邮政编码 100005）
网　　址：http://www.cepp.sgcc.com.cn
责任编辑：曹建萍
责任校对：黄　蓓　马　宁
装帧设计：张俊霞
责任印制：吴　迪

印　　刷：三河市万龙印装有限公司
版　　次：2021 年 12 月第一版
印　　次：2024 年 7 月北京第四次印刷
开　　本：787 毫米 ×1092 毫米　16 开本
印　　张：7
字　　数：139 千字
印　　数：4001—5000 册
定　　价：38.00 元

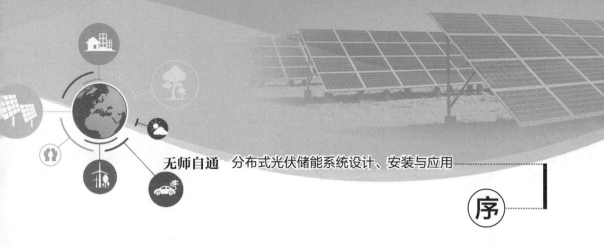

而今迈步从头越

"碳中和"目标提出后,我们迎来了最好的时代。

四十年高速稳定发展的长周期利好,社会各界都在同时推动低碳事业,这让新能源与储能行业的前景一片光明。

相比发展已趋于成熟的光伏产业,储能环节的制造、应用、标准仍然在不断地进化,巨大机遇伴随着巨大的变革,让很多志在储能领域有所作为的朋友望而却步。

与光伏发电不同,储能生来就是连接发电与消费两侧、不同能源形式的需要跨界的产业,除专业知识外,还需要对光伏、微电网及用户消费习惯等多方面有所了解,才能够发挥最大的价值。同时,当今世界,我们单线发展、单线治理的模式也越来越多地遇到瓶颈,需要综合方案,在新时代的窗口期树立新样本,打造新模式,才能够有所作为。

刘继茂先生专注光伏逆变器技术十余载,深耕电力电子技术,著有《无师自通　分布式光伏发电系统设计、安装与维护》一书,销量业内问鼎,赢得广泛好评。新书同样以电力电子为基,横跨两个领域,将新能源发展所必需的储能系统进行了深入浅出的剖析,非常适合希望投身储能事业的人士。

正所谓"匠造其形,师塑其魂",希望通过横跨多个知识范畴的本书,让更多从业者能够在新时代下更从容地搏击浪潮。

这是一本给探索者的书。在新时代下,每个个体都在摸索中前行,希望这本书如同炬火,为更多人照亮前行方向。刘继茂先生在光伏专业的基础上,再上层楼,"而今迈步从头越",相信也会对光伏产业体悟更深。笔者非常期待,通过储能技术的发展为原有的多个产业赋能,通过"组合式创新",给新时代注入更多活力。

曹　宇

索比光伏网总编辑　索比咨询研究院院长

2021 年 12 月

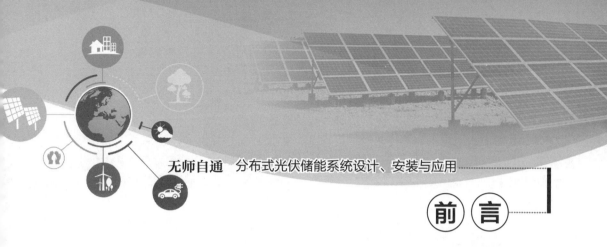

前言

基于环保和碳排放的压力，现在我国大力支持光伏、风电等新能源发电；但由于风电、光伏等新能源发电具有间歇性和波动性的缺点，限制了其大规模应用，只有在加装储能，平滑输出电能，解决成本、消纳和储存等问题之后，才有可能大幅度提升光伏、风电等新能源在电网中的比例。

光伏储能系统（简称光储系统）增加了蓄电池和充放电控制器等设备，虽然成本提高很多，但应用范围却扩大了许多，通过精心设计与合理控制，光储系统比纯光伏系统更具有投资价值。本书从实际出发，总结笔者十多年的逆变器研发和应用经验，逐一收集和整理相关资料，旨在为光伏行业发展尽一份力。

本书先从光储系统开始，介绍光储系统的应用场景和分类；再介绍光储系统的关键设备，包括控制器、逆变器、双向储能变流器、蓄电池等，详细介绍这些设备的分类、特点，以及设计选型时要关注的主要技术参数。

光储系统种类很多，没有标准方案，要根据实际应用去做设计，这也是每一位新入行朋友的难点和痛点。但没有标准方案并不代表没有方案，设计方法还是有矩可循的，本书的第3章便讲述了光储系统各个应用场景的设计步骤、典型案例。

光储系统除了是部分无电地区的刚性需求之外，近年更多的是应用在有电地区的投资需求，随着光伏组件、储能电池价格的下降，光储系统的投资价值也在逐年上升。本书的第4章分析了各种应用场景的投资收益，在电价较高、峰谷价差较大或光伏不能上网、经常停电的地方增加储能系统，通过合理设计，能取得不错的收益。

电站设计安装之后，维护也是很重要的一环，关系到设备的寿命和投资回报，本书第5章讲述了光储系统常见故障及解决方案，以及在设计和施工过程中常见的一些错误。

光储系统技术发展很快，本书第6章分析了储能系统的拓展应用，主要包括在电网端的应用和智慧能源。第7章收录了3个实际设计案例，包括小、中、大型储能系统详细的设计过程、投资收益计算，供广大读者参考。

本书的编写过程中参考了国内外很多专家学者的著作和文章，在此表示感谢。由于作者水平有限，编写时间仓促，本书难免有不妥之处，恳请广大读者批评指正。

编者

2021 年 12 月

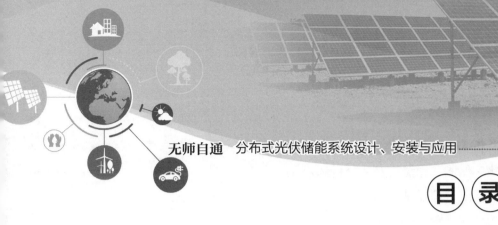

目 录

1 分布式光储系统概述

储能是指利用化学或者物理的方法将能量存储起来，包括储电和储热，本书讨论的储能范畴为储电，即电力储能。在全球能源战略转型的目标下，光伏和风电将成为绝对的主力能源，但光伏和风电具有间歇性和波动性，制约着新能源的大规模应用。储能具有消除电力峰谷差，实现光伏、风电等新能源平滑输出，调峰、调频和充当备用容量等作用，能满足新能源发电平稳、安全接入电网的要求，增加光伏和风电在电网中的份额。

1.1 各种各样的储能技术

能量形式众多，包括电磁能、机械能、化学能、光能、热量等。能量的储能方式也是多种多样，目前已经成熟的储能技术有抽水蓄能、压缩空气储能、飞轮储能、电化学储能以及储热和储氢技术。所有储能技术大致可以分为功率型和能量型两大类。功率型储能技术包括电化学储能和飞轮储能，其特点是效率高、成本高、反应速度快（达毫秒级），可用于一次调频等需要快速响应的场合；能量型储能技术包括抽水蓄能、压缩空气储能、储热和储氢技术，其特点是体量大、成本低、反应速度一般在几分钟到十几分钟，适合于大批量、对成本要求低、对实时性要求不高的储能项目。

1.1.1 抽水蓄能技术

抽水蓄能技术又称抽水发电，是目前世界上应用最广泛的大规模、大容量的储能技术。在全球的水电装机规模中，抽水蓄能技术占比超过94%，占据绝对的主导地位。抽水蓄能系统包括下水库、抽水泵（水力发电机）、上水库三部分，它在电力负荷低谷时将电能抽水至上水库，在电力负荷高峰期再放水至下水库发电。它可将电网负荷低时的多余电能转变为电网高峰时期的高价值电能。

目前在光伏电站上采用抽水蓄能的案例非常少，但抽水蓄能和光伏发电有较强的互补性，都是清洁可再生能源。在光照资源丰富，有水资源且具有地势落差的地方，通过光伏与抽水储能相结合，可以推动光伏可持续发展。抽水蓄能电站具有启动灵活、爬坡速度快等常规水电站所具有的优点和低谷储能的特点，可以很好地缓解光伏发电给电力系统带来的不利影响。

光伏扬水系统也是抽水蓄能的一种方式，通过扬水逆变器和水泵把水从低处抽到高处的水塔，需要用水时，再从水塔取水，用这种储水方式代替代蓄电池，成本低且方便。

1.1.2　电化学储能技术

电化学储能主要包括铅酸电池、锂离子电池（简称锂电池）、钠硫电池、钒液流电池、锌空气电池、氢镍电池、燃料电池以及超级电容器，其中铅酸电池、锂电池、钠硫电池和钒液流电池是研究热点和重点。电化学储能是储能市场保持增长的新动力，随着电化学储能技术的不断改进，电化学储能系统的制造成本和维护成本不断下降，储能设备容量及寿命不断提高，电化学储能将得到大规模的应用，成为储能产业新的发展趋势。电化学储能市场以锂电池储能为主导，铅酸电池储能是重要组成部分，其余电化学储能方式如钒液流电池、超级电容、钠硫电池发展速度也很快。电化学储能技术综合比较见表 1 - 1。

表 1 - 1　　　　　　　　　　　　　电化学储能技术综合比较

储能类型	能量上限（MWh）	功率上限（MW）	比能量（Wh/kg）	效率（%）	循环寿命（次）	单位成本（元/kWh）
铅酸电池	3 ~ 48	1 ~ 12	25 ~ 40	60 ~ 75	1000 ~ 3000	450 ~ 1200
锂电池	4 ~ 24	1 ~ 10	120 ~ 200	90 ~ 95	4000 ~ 6000	1200 ~ 3000
钠硫电池	5 ~ 20	1 ~ 10	150 ~ 240	80 ~ 90	3000 ~ 5000	2000 ~ 3000
钒液流电池	4 ~ 40	1 ~ 10	30 ~ 50	75 ~ 85	5000 ~ 8000	3000 ~ 4500

目前，中小型光伏离网电站采用铅酸电池较多，因为价格便宜，前期投资少，在光伏储能电站比例大约为 30%；中大型光伏离网电站、电网侧储能电站，现在采用锂电池比较多，在光伏储能电站比例大约为 65%；其余电化学储能方式如液流电池、超级电容、钠硫电池占比合计仅为 5%。

1.1.3　储热技术

储热技术是以储热材料为媒介，将太阳能光热、地热、工业余热、低品位废热等热能储存起来，在需要的时候释放，力图解决由于时间、空间或强度上的热能供给与需求间不匹配所带来的问题，最大限度地提高整个系统的能源利用率。目前，主要有三种储热方式，包括显热储热、潜热储热（也称为相变储热）和热化学反应储热。三种蓄热技术形式中，显热储热的成本最低。显热储热技术目前主要应用领域包含工业窑炉和电采暖、居民采暖、光热发电等领域中，潜热储热技术主要用于清洁供暖、电力调峰、余热利用和太阳能低温光热利用等领域。近年来，随着清洁采暖、电力系统调峰等的需要，潜热储热技术开始越来越多地应用在发电侧和用户端；热化学反应储热技术目前尚处于研究阶段，在实际应用中还存在着许多技术问题，因此项目案例较少。

1.1.4 储氢技术

氢气是目前我们能够在自然界获取的含量最高并且高效的含能体能源。氢能源作为一种清洁型能源，有着巨大的开发潜力：氢燃烧反应所生成的产物主要是水；氢能源相对于传统的石油、天然气以及甲醇等能源来讲，其获得的渠道更广泛，同时质量轻，能量的密度较高，并且清洁环保，具有多种多样的储存方式。

氢能的储存方式主要有低温液态储氢、高压气态储氢、金属氢化物储氢和有机液态储氢等，这几种储氢方式有各自的优点和缺点。氢的应用技术主要包括燃料电池、燃气轮机发电、内燃机和火箭发动机。

近年来，新能源的持续快速发展已经远远超过电网承载能力，新能源消纳矛盾十分突出，弃风、弃水电量呈逐年增加趋势。长期来看，光伏和风电是电解水制氢企业获得低成本电力的主要来源。光伏制氢原理图见图 1－1。

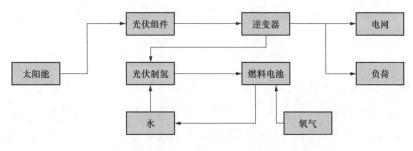

图 1－1 光伏制氢原理图

光伏制氢系统工作原理：光照充足时，光伏发电系统独立为负荷供电，同时产生的多余电能供给电解槽电解水制氢，并通过压缩机将氢气储存到储氢装置中；当光伏发电系统供电不足时，燃料电池利用储存的氢能补充发电。

光伏技术的不断革新促使光伏发电成本快速下降，在光照资源丰富的许多国家和地区的光伏发电成本已经降低到 0.1 元/kWh，成为当之无愧的最便宜、最清洁的电力资源。目前光伏和电化学储能相结合发展得比较好，未来光伏若能和抽水蓄能以及储氢技术相结合，其发展势头会更好。

1.2 分布式电池储能应用场景

电池储能和抽水储能等其他储能相比，前期投资相对较少，而且灵活，容量可大可小，一直是分布式储能项目的首选。经历了近十年的发展，特别是在电动汽车的推动下，储能电池价格快速下降，储能控制技术更加完善。近年来储能迎来了巨大转机，储能项目、储能装机容量都呈现爆发式增长，发电侧、电网侧、用户侧各种场景下的储能应用都获得了突破，且各自呈现出不同的发展特点。

1.2.1　新能源发电侧储能

随着风电光伏平价上网的推进，电源侧储能市场的热度逐渐攀升。截至2021年9月底，我国现有风电装机容量为300GW、光伏装机容量为280GW；按国家双碳目标和计划，风电和光伏等新能源还要大力发展。预计到2030年风电和太阳能发电总装机容量将达到1200GW以上，假设均以15%的比例配置储能，那么未来电源侧储能装机容量将超过180GW，可见新能源发电领域储能市场需求量非常可观。

新能源发电侧储能方式有两种，一是储能系统通过升压变压器接入交流侧，这种方案的优点是储能系统容量配置灵活，储能和光伏可自由配置；缺点是储能系统需要单独接入电网，并网手续比较复杂，电池充电和放电经过多级转换，储能系统转换效率较低，很多能量损失在了变压器上。二是储能系统接入光伏逆变器直流侧，这种方案的优点是直流电能经过一级直流－直流变换直接存储能量，不经过变压器接入电网，效率更高；缺点是需要大功率直流变换器进行直流－直流变换，光伏和储能要1:1配置，不够灵活，实际上也不需要配这么多储能。

在大型光伏发电站配上储能，光伏发电侧储能最主要的功能之一是接受调度平滑电网负荷，服从并跟踪上级电网的计划曲线。光伏发电输出功率超过计划曲线时，将多余能量存入储能电池；光伏发电输出功率低于计划曲线时，将储能电池能量输入到电网。削峰填谷是光伏发电侧储能的另一个重要功能：光伏发电输出功率受限时，将多余能量存入储能电池；光伏发电输出功率不受限时，将储能电池能量输出电网。

1.2.2　电网侧储能

电网侧储能是在输配电网中建设的储能，作为电网中优质的有功无功调节电源，其主要功能是有效提高电网安全水平，实现电能在时间和空间上的负荷匹配，增强可再生能源消纳能力，在电网系统备用、缓解高峰负荷供电压力和调峰调频方面意义重大。

电网侧储能是基于电网公司开展的，项目高度集中，而且储能容量规模较大。电网公司不仅具备足够大的实力规模以支撑其开展储能业务，而且也承担着一定的责任，其储能项目的意义不能以简单的峰谷套利来计算，储能设施由电网集中统一调度执行，效果更好、发挥作用更大，使储能变得更有价值。

2018年年初，两网公司（国家电网有限公司、中国南方电网有限责任公司）分别发出了关于支持储能产业发展的指导意见，电网侧储能规划成为行业关注重点。国家电网有限公司方面主推变电站增加储能设施，特别是变电站＋数据中心＋储能电站的多站融合模式，通过执行电网调峰以缓解夏季拥堵和不同时段用电负荷的不平衡；类似的，中国南方电网有限责任公司也规划在增压线路节点配建储能项目。

1.2.3　用户侧储能

用户侧储能是把储能电池安装在用户端，在电价较低时使用光伏和风电等新能源存储电能，在电价高峰期或者电网停电时使用存储好的电能，用户侧储能基本不参与电网调节，储存的电能只提供给用户。

和光伏相结合的用户侧储能发电系统，分为离网发电系统（简称离网系统）、并离网储能系统。离网系统为硬性需求，适合于无电地区或者缺电地区；并离网型储能系统广泛应用于经常停电，或者光伏自发自用不能余量上网，需要安装防逆流的项目，自用电价比上网电价价格贵很多、波峰电价比波平电价贵很多等应用场所。

用户侧储能有多种营利模式。储能变流器和光伏逆变器功率因数可控可调：改善了工厂内电网环境，避免了因功率因数超标而受到罚款，较高的功率因数也可以让工厂减少线路和设备电量损耗。储能电池充放电可调可控：利用电费的峰谷价差，晚上用电低谷时从电网储存电能，白天用电高峰时电能从蓄电池释放出来，帮助企业进行电量峰值的管理，减少工厂分时电价的高峰期电费，有条件的企业还可以节省容量费用。紧急情况备用电源：当电网出现故障停电时，利用太阳能、风力、油机、储能电池等多种发电方式组成微电网储能系统，为关键负荷提供不间断电源。

从总体上看，我国电化学储能市场在近年来呈现逐步上升的趋势。从应用分布上看，用户侧领域的累计装机规模最大，发电侧和电网侧领域分列第二、三位（按技术类型分析，锂电池占比最大，应用覆盖发电侧、电网侧及用户侧全领域；铅酸电池次之，用户侧是其主要应用场景）。

1.3　分布式光储系统的分类

分布式光储系统一般都安装在用户侧，也有少数项目安装在发电侧。同光伏并网储能系统相比，分布式光储系统增加了储能电池及其充放电装置，虽然初始成本有所增加，但拓宽了应用范围。根据能量输入类型、负荷类型的不同，分布式光储系统可分为光伏离网系统、光伏并离网储能系统、光伏并网储能系统和微电网储能系统四种。

1.3.1　光伏离网系统

光伏离网系统安装在用户侧，主要输入是光伏，辅助输入是市电或者发电机。直流负荷由控制器带动，交流负荷由逆变器带动。光伏离网系统主要应用于无电或者缺电地区，如偏远山区、海岛、偏远通信基站、渔船和路灯等中小型应用场所。光伏离网系统由光伏方阵、太阳能控制器、逆变器、蓄电池组、负荷等构成。光伏方阵在有光照的情况下将太阳能转换为电能，通过太阳能控制器和逆变器给负荷供电，同时给蓄电池组充电；在无光照时，由蓄电池通过逆变器给交流负荷供电。光伏离网系统示意图见图1-2。

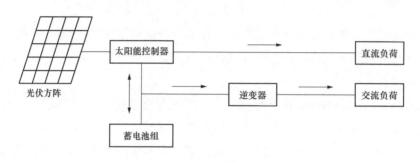

图1-2　光伏离网系统示意图

光伏离网系统是刚性需求，对于无电网地区或经常停电地区家庭来说，具有很强的实用性，如果在贫困地区安装一个1~2kW的储能电站，就能基本上解决晚上照明的问题。随着储能电池和组件成本的下降，光伏离网系统的度电成本也在快速下降，目前为0.6~1.2元/kWh，相比并网系统要高很多；但相比燃油发电机的度电成本（1.2~1.8元/kWh），光伏离网系统还是更经济的，而且没有噪声、没有烟雾排放，更环保。

1.3.2　光伏并离网储能系统

光伏并离网储能系统安装在用户侧，系统由太阳电池组件组成的光伏方阵、太阳能并离网一体机、蓄电池组、负荷等构成。和光伏离网系统对比，并离网逆变器交流输出有两个接口，其中一个接口连接电网，既可以向电网送电，又可以从电网取电给蓄电池充电；另外一个接口连接重要负荷，它既可以由电网供电，又可以在电网停电时由光伏和储能电池供电。光伏并离网储能系统示意图见图1-3。

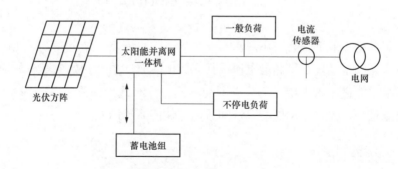

图1-3　光伏并离网储能系统示意图

光伏并离网储能系统最大的特点是既可以并网发电，又可以单独离网运行。光伏并离网储能系统主要应用于停电次数较多，或者自发自用不能上网、峰谷价差较大的工业场所。光伏并离网储能系统主要有四种赢利方式：一是可以设定在电价峰值时输出，减少电费开支；二是可以在电价谷段充电，峰段放电，利用峰谷差价赚钱；三是如果安装防逆流系统，当光伏功率大于负荷功率时，就可以把多余的电能储能起来，避免浪费；四是当电网停电时，光储系统作为备用电源继续工作，逆变器可以切换为离网工作模式，光伏和蓄电池可以通过逆变器给负荷供电。

1.3.3　光伏并网储能系统

光伏并网储能系统一般安装在电源侧或者发电侧。同并离网储能系统相比，并网储能系统没有离网功能，因此电网停电时系统也不能发电。光伏并网储能系统通常安装在不停电的场所。光伏并网储能系统常用接入方式有两种，一是并网逆变器和储能变流器在交流侧耦合，这种方案的优点是储能系统容量配置灵活，储能和光伏可自由配置；缺点是储能系统需要单独接入电网，并网手续比较复杂，电池充电和放电经过多级转换，系统转换效率较低。二是储能系统通过 DC - DC 变换在直流侧耦合，这种方案的优点是直流电能直接存储能量，效率更高；缺点是光伏和储能要 1∶1 配置，不够灵活。光伏并网储能系统交流侧耦合示意图见图 1 - 4。

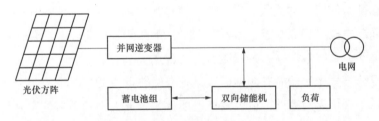

图 1 - 4　光伏并网储能系统交流侧耦合示意图

光伏并网储能系统的最主要功能之一是接受调度平滑电网负荷，服从并跟踪上级电网的计划曲线。光伏发电输出功率超过计划曲线时，将多余能量存入储能电池。光伏发电输出功率低于计划曲线时，将储能电池能量输入到电网。在一些国家和地区，若以前装了一套光伏系统，后来取消了光伏补贴，则可以安装一套并网储能系统，让光伏发电完全自发自用。

1.3.4　微电网储能系统

微电网（Micro - Grid）是一种新型网络结构，是由分布式电源、负荷、储能系统和控制装置构成的配电网络。它利用太阳能、风能、油机、蓄电池等多种发电方式组成电力供应系统，通过控制和调度，最大化利用可再生能源，并降低系统成本，提高系统效率，解决无电或者缺电地区的电力供应问题。

微电网储能系统是一个能够实现自我控制、保护和管理的自治系统，既可以与外部电网并网运行，又可以孤立运行。通过微电网，可充分有效地发挥分布式清洁能源潜力，减少分布式发电容量小、发电功率不稳定、独立供电可靠性低等不利因素，确保电网安全运行，是大电网的有益补充，对于可再生能源的发展具有关键作用。微电网储能系统示意图见图1-5。

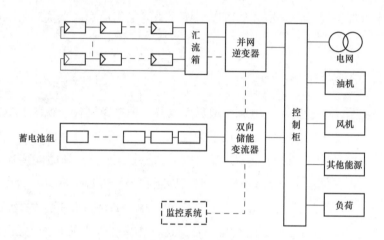

图1-5　微电网储能系统示意图

光伏微电网储能系统包括离网储能和并网储能系统以及并离网储能系统的所有应用，可以和多种能源相配合使用［如光伏、逆变器、蓄电池、风力发电、汽油（柴油）发电机、沼气发电机、不间断电源（UPS）等］，可以根据项目的实际要求自由组合，具有多种工作模式、系统配置灵活、系统效率高、带载能力强的特点。

综上所述，分布式光伏储能有四种模式，各有优缺点，没有严格的区分，可根据实际情况去选择。如均是光伏离网系统，也可以根据项目的容量大小和项目的实际需求，选择光伏离网系统、光伏并离网储能系统、光伏微电网储能系统。一般来说，对于30kW以下的系统，常选择光伏离网系统，造价低，接线简单；对于30～250kW的系统，常选用光伏并离网储能系统，可以选用直流耦合或者交流耦合；对于250kW以上的系统，常选用光伏微电网储能系统，系统灵活，项目可大可小。各种光储系统比较见表1-2。

表1-2　　　　　　　　　　　　各种光储系统比较

系统名称	位置	规模	投资	效率
光伏离网系统	用户侧	中小型	小	中下
光伏并离网储能系统	用户侧	中型	中	中
光伏并网储能系统	电源侧	大型	大	高
光伏微电网储能系统	用户侧	中大型	大	中高

2 分布式光储系统关键设备

光储系统根据其类型的不同，一般由光伏方阵、太阳能控制器和逆变器（或者并网逆变器和储能逆变器）、蓄电池组及电池管理系统（battery management system，BMS）、监控及能量管理系统（energy management system，EMS）和负荷等构成。储能系统的光伏方阵和并网系统设计、安装都是一样的，但是电气系统没有统一的标准方案，要根据用户的需求去设计，因此只有熟悉设备原理，掌握设计方法，才能为用户量身定做方案。

太阳能控制器连接太阳能组件和蓄电池，可以单独使用，给直流负荷供电；也可以和逆变器配套使用；还可以和控制逆变一体机一起使用，增加系统的灵活性。控制器目前分为脉冲宽度调试（pulse width modulation，PWM）控制器和最大功率点跟踪（maximum power point tracking，MPPT）控制器两种，用于不同的场合。

离网逆变器连接蓄电池和负荷，主要功能是把蓄电池的直流电逆变成交流电，在光伏离网系统中，一般是和控制器配合使用。现在大部分中小型的离网系统都做成控制逆变一体机，把光伏控制器和逆变器做成一体，方便安装。按输出波形划分，离网逆变器分为修正波逆变器、高频正弦波逆变器、工频正弦波逆变器，适用于不同的场合。

储能逆变器，连接蓄电池和电网（或者负荷），硬件电路和离网逆变器一样，都是把蓄电池的直流电逆变成交流电，但储能逆变器功能更强大一些，能量可以双向流动，既可以把直流电逆变成交流电，送入电网或者给交流负荷使用；又可以把交流电整流为直流电，让电网给蓄电池充电，因此储能逆变器也称为双向储能变流器（power conversion system，PCS）。

蓄电池组是由多台蓄电池通过串并联的方式组合起来的阵列，以便达到设计的电压等级和容量的要求，目前分布式光储系统使用最多的电池是锂电池和铅酸电池。BMS 管理及维护各个电池单元，防止电池出现过充电和过放电现象，延长电池的使用寿命，监控电池的状态。目前铅酸电池的 BMS 常集成在控制器中，锂电池的 BMS 一般和锂电池配套在一起。

EMS 在光储系统中，监控所承担的任务比较多，除了常规的组件、逆变器、电网监控之外，还要监控蓄电池的状态、负荷的状态。EMS 常用于光伏微电网储能系统，将通信协议不同的各种设备连到一起，如光伏逆变器、风电变流器、双向储能逆变器、蓄电池、燃油发电机、环境检测仪通过设备组合在一起，然后通过控制策略进行调度和控制，实现负荷预测、储能调度，达到电源－电池－负荷实时功率平衡和能量平衡，保障系统供电的持续性、稳定性、可靠性和经济效率最大化。

2.1 光伏储能控制器

在光储系统中，控制器的作用是把光伏组件发出来的电，经过追踪和变换，存于蓄电池之中；除此之外，还有保护蓄电池，防止蓄电池过充电、过放电等功能。控制器常用于离网系统、直流耦合的储能系统中。控制器输出直流电，也可以单独给直流负荷使用。

控制器容量大小不等，小容量的有几百瓦，大容量的有几百千瓦，控制器最重要的两个技术参数是系统电压和充电电流，如型号为 SC48100 的控制器，表示系统电压是 48V，充电电流为 100A，控制器功率约为 5kW。另外，输入电压范围、MPPT 输入路数、转换效率等也很重要。

2.1.1 控制器关键技术参数

（1）系统电压。对于蓄电池组的电压，目前光伏控制器还没有一个统一的行业标准，通常有 8 个标称电压等级：12、24、48、96、110、220、380、600V，一般是容量越大，系统电压越高。如 5kW 以下的系统，电压在 48V 以下；100kW 以上的系统，电压在 380~600V 以上。低电压比较安全，适合家用；高电压效率高，适合于商用大容量系统。

（2）充电电流。太阳能电池组件或方阵输出的最大电流，根据功率大小分为 5、10、15、20、30、40、50、70、75、85、100、150、200、250、300A 等多种规格。选用控制器时，用容量除以系统电压，就是充电电流。

（3）电压输入范围。控制器的电路结构不同，电压范围也不一样，电压范围越宽，选择组件串并联就越方便，以 48V 控制器为例，有的范围比较窄，电压范围为 60~145V，一般可以接 2~3 块组件，选择的余地不多；有的范围比较宽，电压范围为 120~450V，一般可以接 4~12 块组件。

（4）太阳能电池方阵输入路数。小功率光伏控制器一般都是单路输入，而大功率光伏控制器都是由太阳能电池方阵多路输入，一般大功率光伏控制器可输入 6 路，最多的可接入 12、18 路。

2.1.2 控制器的分类

目前控制器主要有两种硬件电气技术路线，即 PWM 控制器和 MPPT 控制器，两种控制器都有其优点和缺点，可根据不同场景来选择。

（1）PWM 控制器。早期的光伏控制器都是 PWM 控制器，其电气结构简单，控制器由一个功率主开关和电容以及驱动和保护电路组成,通过开关管的 PWM 控制器占空比控制输出电压。PWM 控制器原理图见图 2-1。

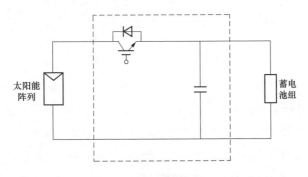

图 2-1　PWM 控制器原理图

　　PWM 控制器中,太阳能阵列和电池板的连接之间只有一个电子开关,随着电池被逐渐充满,电池电压升高,PWM 控制器会逐渐减少提供给电池的电量,光伏输出不会按最大功率输出,因此效率较低。PWM 控制器具有蓄电池充放电管理功能,能防止蓄电池过充电和过放电。

　　由于 PWM 控制器太阳能组件和蓄电池之间只有一个开关相连接,中间没有电感等分压装置,因此在设计时,组件的电压为蓄电池电压的 1.2~2.0 倍,如 24V 的蓄电池,组件输入电压在 30~50V,每串只能配一块组件;48V 的蓄电池,组件输入电压在 60~80V,每串只能配两块组件。

　　(2) MPPT 控制器。MPPT 控制器是第二代太阳能控制器,同 PWM 控制器相比,它多了一个电感和功率二极管等功率器件和控制电路,因此功能更强大。MPPT 控制器原理图见图 2-2。

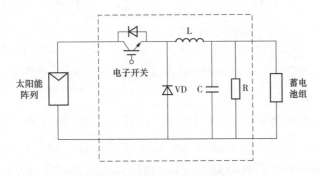

图 2-2　MPPT 控制器原理图

　　MPPT 控制器具有最大功率跟踪功能,在蓄电池充电期间,除非电池达到饱和状态,否则太阳能组件能以最大功率输出;光伏组件的电压范围宽,控制器中间有一个功率开关管和电感等电路,组件的电压是蓄电池电压的 1.2~3.5 倍,如果是 24V 的蓄电池,组件输入电压在 30～80V，每串可以配 1～2 块组件；如果是 48V 的蓄电池，组件输入电压在 60～140V，每串可以配 2～3 块组件，宽电压范围型 MPPT 控制器电压范围还会更宽。

2.1.3　控制器的选用

PWM 控制器和 MPPT 控制器都有自身独特的优点和缺点，选择哪种方案取决于太阳能光伏阵列的设计特性、成本以及外部环境等条件，选择时要重点考虑以下因素。

PWM 控制器技术成熟、电路简单可靠、性能稳定、价格便宜，但组件的利用率较低，约为 80%；对于 MPPT 控制器，组件和蓄电池之间有一个降压（BUCK）电路，组件的利用率高，可超过 90%，但体积较大、质量偏大、价格比较贵、电路复杂。

对于 2kW 以下的小型离网系统，主要用户是贫困无电地区，如偏远山区，主要是解决照明的需求，用户对价格很敏感，因此建议采用 PWM 控制器，修正波的逆变器，把控制器、逆变器和蓄电池做成一体。这种方式结构简单，效率高，用户接线方便，价格也很便宜，带动灯泡、小电视、小风扇也没有问题。对于 2kW 以上的离网系统，建议采用 MPPT 控制器，组件利用率高，整机效率高，组件配置也比较灵活。

2.2　光伏离网逆变器

在光伏离网系统中，逆变器的主要作用就是把蓄电池的直流电逆变成交流电。逆变器常用于光伏离网系统中，输入接光伏控制器和蓄电池，输出带负荷。光伏离网系统应用广泛，逆变器形式也多样化。逆变器按输出波形分为修正波逆变器和正弦波逆变器；按电气隔离方式又分为高频正弦波逆变器和工频正弦波逆变器。将控制器和逆变器分开设计，各自单独接线，称分体式；将控制器和逆变器合在一起，称一体机，也称逆控一体机。

2.2.1　离网逆变器的关键技术参数

（1）系统电压。即蓄电池组的电压，离网逆变器的输入电压和控制器的输出电压是一致的，在设计选型时，要注意和控制器保持一致。

（2）输出功率。离网逆变器输出功率的表述有两种，第一种是视在功率表示法，单位是 VA，这是参考不间断电源（UPS）来标记的，实际输出有功功率还要乘以功率因数。如 500VA 的离网逆变器，功率因数是 0.8，实际输出有功功率就是 400W，也就是说能带动 400W 的阻性负荷，如电灯，电磁炉等。第二种是有功功率表示法，单位是 W，如 5000W 的离网逆变器，实际输出有功功率就是 500W。

（3）峰值功率。在光伏离网系统中，组件、蓄电池、逆变器、负荷构成电气系统，逆变器的输出功率是由负荷决定的。有些感性负荷，如空调、水泵等，里面的电动机启动功率是额定功率的 3~5 倍，因此离网逆变器对过载有特别要求。峰值功率就是离网逆变器的过载能力。

（4）转换效率。光伏离网系统转换效率包括两方面，一是机器本身的效率，离网逆变器电路复杂，要经过多级变换，因此整体效率比并网逆变器稍低，一般在80%~90%，逆变器整机功率越大效率越高，高频隔离比工频隔离效率要高，系统电压越高效率也越高；二是蓄电池充放电的效率，这与蓄电池的类型有关系，当光伏发电和负荷用电同步时，光伏可以直接供给负荷使用，不需要经过蓄电池转换。

（5）切换时间。光伏离网系统带负荷，有光伏、蓄电池、市电三种模式，当蓄电池能量不足，切换到市电模式时，存在切换时间。有的离网逆变器采用电子开关切换，时间在10ms内，台式电脑不会关机，照明灯也不会闪烁。有的离网逆变器采用继电器切换，时间可能超过20ms，台式电脑可能会关机或者重启。

2.2.2 离网逆变器的分类

（1）修正波与正弦波。逆变器输出波形主要分两类，一类是正弦波，另一类是修正波。修正弦波逆变器采用 PWM 脉宽调制方式生成修正波输出，由于存在 20% 左右的谐波失真，不能带空调等感性负荷，但可以带电灯等阻性负荷。修正弦波逆变器采用非隔离耦合电路，器件简单，效率高。纯正弦波逆变器采用隔离耦合电路设计，电路较复杂，成本较高，可以连接任何常见的电器设备（包括电视机、液晶显示器等，特别是冰箱等感性负荷）而没有干扰。

（2）工频隔离和高频隔离。纯正弦波离网逆变器的输入端和输出端有电气隔离，按照电气结构分为高频隔离和工频隔离。高频隔离变压器放在直流升压端，采用的方案是先把直流电逆变器高频率的交流电通过高频变压器升压，然后整流为直流电，最后又逆变为工频交流电。高频逆变器采用的是体积小、质量小的高频磁芯材料，可以降低逆变器的质量，减少逆变器的体积，提高逆变器的效率，但电路较为复杂。工频隔离变压器放在交流端出端，逆变器电路较简单，抗冲击能力较强；但体积较大，质量比较大。

（3）分体式与一体式。光伏离网系统由于多了一个蓄电池，因此必须要配置控制器用于组件给蓄电池充电，将控制器和逆变器分开做成两个设备，就是分体式。把控制器和逆变器集成在一起，就是一体式，也称为控制逆变一体式。对于分体式系统，控制器和逆变器可以分别选型，但接线比较复杂，适应于组件和逆变器功率相差比较大的系统，以及系统功率很大的系统。控制逆变一体式系统结构简单、用户接线方便，适应于组件和逆变器功率相差比较小的系统。

离网逆变器的重要技术参数：在选择离网逆变器时，除了注意逆变器的输出波形、隔离类型外，还有几个技术参数也非常重要，如系统电压、输出功率、峰值功率、转换效率、切换时间等，这些参数的选择对负荷的用电需求影响较大。

2.2.3　离网逆变器的选用

从成本上来说，修正波逆变器最经济、工频逆变器最高；从带载能力来说，工频逆变器能力最强，因此在选择逆变器时，要看使用场合，如果只是简单的照明应用，建议选用修正波逆变器，可以节省初始成本；如果有空调、洗衣机、水泵等含有电动机的感性负荷，建议选用工频逆变器，带负荷能力强；如果是综合性负荷，建议选用高频逆变器，兼顾成本和带负荷能力。

2.3　双向储能变流器

储能变流器又称双向储能变流器，应用于并网储能和微电网储能等交流耦合储能系统中，连接于蓄电池组和电网（或负荷）之间，是实现电能双向转换的装置，既可以把蓄电池的直流电逆变成交流电，输送给电网或者给交流负荷使用；又可以把电网的交流电整流为直流电，给蓄电池充电。

在多种能源组成的光伏微电网储能系统中，储能变流器是最核心的设备，因为光伏、风力等可再生能源具有波动性，而负荷也具有波动性，燃油发电机只能发出电能，不能吸收电能。如果系统中只有光伏、风力和燃油发电机，系统运行可能会不太平衡，当可再生能源的功率大于负荷功率时，系统有可能会出现故障，因此光伏并网逆变器难以和燃油发电机并网运行，而储能变流器既可以吸收能量，又可以输出能量，且反应速度非常快，在系统中起到平衡作用。

2.3.1　双向储能变流器的关键技术参数

由于应用场合不同，双向储能变流器的功能和技术参数差异较大，在选择时应注意系统电压、功率因数、峰值功率、转换效率、切换时间等，这些参数的选择对储能系统的功能影响较大。

（1）系统电压。系统电压是蓄电池组的电压，也是双向储能变流器的输入电压。不同技术的储能逆变器，系统电压相差较大，单相两级结构的储能变流器电压在 50V 左右，三相两级结构的储能变流器电压在 150～550V。三相带工频隔离变压器的储能变流器电压在 500～800V，三相不带工频隔离变压器的储能变流器电压在 600～900V。

（2）功率因数。双向储能逆变器正常运行时，功率因数应大于 0.99，当系统参与功率因数调节时，功率因数范围应该尽可能宽。

（3）切换时间。双向储能逆变器有两种切换时间，一是充放电切换，大型储能逆流应能快速切换运行状态，通常要求在90%额定功率并网充电状态和90%额定功率并网放电状态之间，切换时间不大于200ms；二是应用于并网模式和离网模式的切换，切换时间不大于100ms。

2.3.2 双向储能变流器的工作模式

双向储能变流器主要有并网和离网两种工作模式。并网模式实现了蓄电池组和电网之间的双向能量转换，具有并网逆变器的特性（如防孤岛、自动跟踪电网电压相位和频率、低电压穿越等）。根据电网调度或本地控制的要求，双向储能变流器在电网负荷低谷期，把电网的交流电能转换成直流电能，给蓄电池组充电，要具有蓄电池充放电管理功能；在电网负荷高峰期，它又把蓄电池组的直流电逆变成交流电，回馈至公共电网中去；在电能质量不好时，向电网馈送或吸收有功，提供无功补偿等。离网模式，又称孤网运行，即能量转换系统可以根据实际需要，在满足设定要求的情况下，与主电网脱开，给本地的部分负荷提供满足电网电能质量要求的交流电能。

2.3.3 双向储能变流器的选用

双向储能变流器由功率、控制、保护、监控等软硬件电组成，分为单相机和三相机。单相储能变流器通常由双向DC－DC升降压装置和DC/AC交直流变换装置组成，直流端通常是48V DC，交流端是220V AC。三相机分为两种，小功率三相储能变流器由双向DC－DC升降压装置和DC/AC交直流变换两级装置组成，大功率三相储能变流器由DC/AC交直流变换一级装置组成。储能变流器分为高频隔离、工频隔离和不隔离三种。10kW以下单相PCS和20kW以下三相PCS一般采用高频隔离的方式，50～250kW的一般采用工频隔离的方式，500kW以上的一般采用不隔离的方式。

2.4 蓄电池

在光储系统中，蓄电池的作用就是把电能储存起来，由于单个电池容量有限，通常系统把多个蓄电池通过串并的方式组合起来，以便达到设计的电压等级和容量要求，因此又称蓄电池组。在光储系统中，蓄电池组和光伏组件的初始成本相当，但蓄电组的寿命更低一些，蓄电池的技术参数对系统设计非常重要，选型设计时要注意电池容量、额定电压、充放电流、放电深度、循环次数等。

2.4.1 蓄电池的关键参数

（1）电池容量。电池的容量由电池内活性物质的数量决定，通常用安时（Ah）或者毫安时（mAh）来表示。例如标称容量 250Ah（10h，1.80V/单体，25℃），指在 25℃ 时，以 25A 的电流放电 10h，使单个电池电压降到 1.80V 所放出的容量。

电池的能量是指在一定放电制度下，蓄电池所能给出的电能，通常用瓦时（Wh）表示。电池的能量分为理论能量和实际能量。如一个 12V/250Ah 的蓄电池，理论能量就是 12h × 250W = 3000（Wh），也就是 3kWh，表示蓄电池可以保存的电量；如果放电深度是 70%，实际能量就是 3000Wh × 70% = 2100（Wh），也就是 2.1kWh，这是可以利用的电量。

（2）额定电压。电池正负极之间的电势差称为电池的额定电压。常见的铅酸电池额定电压有 2、6、12V 三种，单体的铅酸电池额定电压为 2、12V 的蓄电池是由 6 个单体的电池串联而成的。

蓄电池的实际电压并不是一个恒定的值，空载时电压高，有负荷时电压会降低，当突然有大电流放电时，电压也会突然下降，蓄电池电压和剩余电量之间存在近似线性关系，只有在空载的情况下，才存在这种简单关联。当施加负荷时，电池电压就会因为电池内部阻抗所引起的压降而产生失真。

（3）最大充放电电流。蓄电池是双向的，有充电和放电两个状态，充放电电流都是有限制的，不同蓄电池的最大充放电电流不一样。电池充电电流一般以电池容量 C 的倍数来表示，举例来讲，如果电池容量 C = 100Ah，充电电流为 $0.15C$，即 $0.15 \times 100 = 15$（A）。

（4）放电深度与循环寿命。在电池使用过程中，电池放出的容量占其额定容量的百分比称为放电深度。放电深度的高低与电池寿命有很大的关系，放电深度越深，其充电寿命就越短。

蓄电池经历一次充电和放电，称为一次循环（一个周期）。在一定放电条件下，电池工作至某一容量规定值之前，电池所能承受的循环次数，称为循环寿命。蓄电池放电深度在 10%~30% 为浅循环放电；放电深度在 40%~70% 为中等循环放电；放电深度在 80%~90% 的为深循环放电。蓄电池长期运行的每日放电深度越深，蓄电池寿命越短；放电深度越浅，蓄电池寿命越长。

2.4.2　蓄电池的分类

目前光储系统通常所用的蓄电池都是电化学储能，它利用化学元素做储能介质，充放电过程伴随储能介质的化学反应或者变化。主要包括铅酸电池、液流电池、钠硫电池、锂电池等，目前应用以锂电池和铅酸电池为主。

（1）铅酸电池。铅酸电池的电极主要由铅及其氧化物制成，电解液是硫酸溶液。铅酸电池放电状态下，正极主要成分为二氧化铅，负极主要成分为铅；充电状态下，正负极的主要成分均为硫酸铅。应用在光储系统中比较多的有富液型铅酸电池和阀控式密封铅酸蓄电池，其中阀控式密封铅酸蓄电池包括密封铅蓄电池和胶体密封铅蓄电池两种。铅炭电池是一种电容型铅酸电池，是从传统的铅酸电池演进出来的技术，它在铅酸电池的负极中加入了活性炭，虽然成本提高不多，但能够显著提高铅酸电池的充放电电流和循环寿命，具有功率密度较大、循环寿命长和价格较低等特点。

（2）锂电池。锂电池由正极材料、负极材料、隔膜和电解液四个部分组成，根据使用材料不同分为钛酸锂、钴酸锂、锰酸锂、磷酸铁锂、三元锂五种，磷酸铁锂电池和三元锂电池跻身主流市场。

三元锂和磷酸铁锂两种电池并没有绝对好坏，而是各有千秋。其中三元锂电池优势在于储能密度和抗低温两个方面，比较适合做动力电池；磷酸铁锂电池有三个方面的优势，即安全性高、循环寿命更长、制造成本更低，磷酸铁锂电池没有贵重金属，因而生产成本较低，比较适合做储能电池。

（3）钠硫电池。钠硫电池由熔融电极和固体电解质组成，负极的活性物质为熔融金属钠，正极活性物质为液态硫和多硫化钠熔盐。具有体积小、容量大、寿命长、效率高等优点。在电力储能中广泛应用于削峰填谷、应急电源、风力发电等储能方面。

钠硫电池能量密度高达 760Wh/kg，最高转换效率达 98%，电池循环次数高达 2500 次。然而其不足是成本高昂，达 2000 美元/kWh，另外其对工作环境要求苛刻，300℃方能启动，如果发生短路故障，温度就会高达 2000℃，因此对技术有着极高的要求。钠硫电池在国外应用较多，国内未能大规模推广。

（4）液流电池。液流电池一般称为氧化还原液流电池，是一种新型的大型电化学储能装置，正负极全使用钒盐溶液的称为全钒液流电池（简称钒电池）。全钒液流电池是一种新型蓄电储能设备，不仅可以用于太阳能、风能发电过程配套的储能装置，还可以用于电网调峰，提高电网稳定性，保障电网安全。

与其他储能电池相比，液流电池具有设计灵活、充放电应答速度快、性能好、电池使用寿命长、电解质溶液容易再生循环使用、选址自由度大、安全性高、对环境友好、能量效率高、启动速度快等优点。

储能蓄电池技术路线众多，产品性能、寿命、价格也大不相同，产品没有好坏之分，在设计电站时，要根据投资者的要求去选型。小型光伏离网电站投资有限，可以考虑选用铅酸胶体蓄电池；中小型光伏离网电站，投资有限，但又希望寿命长，可以考虑选用铅炭电池；中大型光伏储能电限，有足够的预算，对投资回报要求高，可以考虑选用磷酸铁锂、钠硫电池、液流电池等。

2.5 蓄电池的应用分类和市场前景

2.5.1 蓄电池的应用分类

由于蓄电池是用来储存电量的，因此可以说所有的电池都是储能电池，后来为了区分应用，按场景分为消费类、动力类和储能类三种电池。消费类电池应用在手机、笔记本电脑、数码相机等消费类产品上，动力类电池应用在电动汽车上，储能类电池应用在储能电站上。

动力电池是储能电池的一种，主要应用于电动汽车，由于受到汽车的体积和质量限制及启动加速等要求，动力电池比普通的储能电池有更高的性能要求，如能量密度要尽量高、电池的充电速度要快、放电电流要大，根据标准，动力电池的容量低于80%就不能再用在新能源汽车了，但稍加改造，还可以用在储能系统中。

目前动力电池回收标准于2020年3月31日正式发布，10月1日开始正式实施，文件规定了车用退役动力电池回收梯次利用的余能检测、拆卸要求、梯次利用要求、梯次利用产品标识，可梯次利用设计指南，以及剩余寿命评估规范等内容。使用回收的动力电池也开始有大型的项目，2020年12月21号，湖南长沙湘行交通新能源公司发布储能中标公告，格林香山光储充站场0.2MW/1.1MWh梯次储能项目实施，电池折合的价格为1.53元/Wh。

从应用场景来看，动力电池主要用于电动汽车、电动自行车及其他电动工具领域，而储能电池主要用于调峰调频电力辅助服务、可再生能源并网和微电网等领域。用于电力调峰、离网型光伏储能或用户侧的峰谷价差储能场景，一般需要储能电池连续充电或连续放电2h以上，因此适合采用充放电倍率不大于0.5C的容量型电池；对于电力调频或平滑可再生能源波动的储能场景，需要储能电池在秒级至分钟级的时间段快速充放电，因此适合不小于2C功率型电池的应用；而在一些同时需要承担调频和调峰的应用场景，能量型电池会更适合些。

相对于动力电池而言，储能电池对于使用寿命有更高的要求。新能源汽车的寿命一般在5~8年，而储能项目的寿命一般都希望大于10年。动力锂电池的循环次数寿命在1000~2000次，而储能锂电池的循环次数寿命一般要求能够大于3500次，并且希望通过开发新型的运维再生技术，以达到超长的储能寿命。

在成本方面，动力电池面临和传统燃油动力源的竞争，储能电池则需要面对传统调峰调频技术的成本竞争。另外，储能电站的规模基本上都是兆瓦级以上甚至百兆瓦的级别，因此储能电池的成本要求比动力电池的成本更低，2020年初，储能电站招标价格约为2.1元/Wh，截止到2020年底，储能电站招标价格约为1.2元/Wh，降幅很大。

2.5.2　蓄电池的市场前景

2020年储能市场最为亮眼的应该是中国铁塔、中国移动和中国电信的5G基站备用电源招标项目，仅这三家企业的大单招标就约达6GWh。另外包括三家电信企业旗下的地方5G基站项目招标以及其他运营商的招标更是不胜其数，全年5G基站备用铁锂电池需求预计在10GWh左右。

目前储能市场磷酸铁锂电池占据着绝对主流，未来几年磷酸铁锂电池还将在储能市场的占主导地位，而铅酸电池的空间会不断被挤压，但由于磷酸铁锂电池也有性能不足的地方，如低温性能差、放电倍数低，其他技术类型的电池包括铅炭电池、钛酸锂电池、全钒液流电池也有一定的机会。

铅炭电池是一种电容型铅酸电池，是一种新型的超级电池。其将铅酸电池和超级电容器两者合一，既发挥了超级电容瞬间大容量充电的优点，又发挥了铅酸电池的比能量优势，且拥有非常好的充放电性能，即 90min 就可充满电（铅酸电池若这样充、放，寿命只有不到 30 次）。而且由于加了石墨烯，阻止了负极硫酸盐化现象，改善了过去电池失效的一个因素，更延长了电池寿命。从 2015 年开始，铅炭电池开始参与电网侧储能项目，近年来有所减少，但在中小型微电网和离网项目，铅炭电池开始占据主导地位。

2020 年 10 月，中国科学院工程热物理研究所大同分所 1MWh 钛酸锂集装箱储能系统正式投入运营。钛酸锂电池应用在储能领域，与其超高安全、超快充放电以及极好的耐宽温性能密不可分，这些也是储能应用场景的主要参考指标。

2020 年 12 月，新疆阿克苏地区阿瓦提县粤水电阿瓦提光伏二电站内的储能电站并网运行，项目采用的全钒液流储能电池，这种蓄电池寿命可达 20 年以上，循环寿命达 15000 次以上。整个储能系统对环境十分友好，同时也极具安全性。项目建成后，将与光伏电站联合运行，平滑光伏出力，参与地区电网调峰、调频、电网需求响应等电力市场辅助服务，共同解决当地弃光问题，提高电网的可靠性与稳定性。

2.6 电池管理系统

电池储能是发展比较快的储能方式，随着锂电池和铅酸电池技术的发展，电池能量转换效率进一步提高，电池储能技术在分布式储能、电站储能方面应用的条件日趋成熟。作为整个储能系统中监测并判断电池工作状态的核心环节，BMS 就是将电池应用推向一个更高的阶段：能够逐步实现少维护、自适应控制、智能化、高安全性和高通用性，最大限度地优化电池的使用和延长电池组的循环寿命。

BMS 是由微电脑技术、检测技术等构成的装置，对电池组和电池单元运行状态进行动态监控，精确测量电池的剩余电量，同时对电池进行充放电保护，并使电池工作在最佳状态，达到延长其使用寿命、降低运行成本的目的，进一步提高电池组的可靠性。一般而言，电动汽车 BMS 要实现以下几个功能：

（1）准确估测动力电池组的荷电状态（state of charge，SOC），即电池剩余电量，保证 SOC 维持在合理的范围内，防止由于过充电或过放电对电池造成损伤，从而随时预报混合动力汽车储能电池还剩余多少能量或者储能电池的荷电状态。

（2）动态监测动力电池组的工作状态。在电池充放电过程中，实时采集电动汽车蓄电池组中每块电池的端电压和温度、充放电电流及电池包总电压，防止电池发生过充电或过放电现象。同时能够及时给出电池状况，挑选出有问题的电池，保持整组电池运行的可靠性和高效性，使剩余电量估计模型的实现成为可能。除此以外，还要建立每块电池的使用历史档案，为进一步优化和开发新型电池、充电器、电动机等提供资料，为离线分析系统故障提供依据。

（3）单体电池间的均衡。即为单体电池均衡充电，使电池组中各个电池都达到均衡一致的状态。均衡技术是目前世界正在致力研究与开发的一项电池能量管理系统的关键技术。

2.7　分布式光储系统设计常见问题

光伏储能发电系统由光伏方阵、太阳能控制器，逆变器、蓄电池组、负荷等构成。光伏方阵将太阳能转换为电能，通过控制器给蓄电池组充电，再通过逆变器给负荷供电。由于在光伏和逆变器之间多了一个蓄电池，因此电流走向、设备选型会随之产生很多变化。

2.7.1　光伏发电是否必须进入蓄电池的分析

电流从蓄电池中流入、流出，都有一定的损耗，影响蓄电池的寿命，有人也许会在想，逆变器有没有这样一个功能，让电流不经过蓄电池充放，直接给负荷使用？其实这个过程是可以实现的，只不过并不是由逆变器来实现的，而是由电路供给自动来实现的。

从电路原理上讲，同一个时刻，电流只能流向一个方向。即在同一个时刻，蓄电池要么充电，要么放电，不能同时充电和放电。因此，当太阳能功率大于负荷功率时，蓄电池处于充电状态，负荷所有的电能都由光伏提供；当太阳能功率小于负荷功率时，蓄电池处于放电状态，所有的光伏发电都不经过蓄电池直接提供给负荷。

2.7.2　蓄电池充电电流的计算

蓄电池的最大充电电流是由三个方面来决定的：一是逆变器本身的最大充电电流；二是光伏组件的大小；三是蓄电池允许的最大充电电流。正常情况下，蓄电池的充电电流等于光伏组件功率乘 MPPT 效率除以蓄电池电压，如组件功率为 5.4kW，控制器的效率为 0.96，蓄电池电压是 48V，那么最大的充电电流为 $5400 \times 0.96/48 = 108$ （A）。市电充电基本上是按逆变器的最大充电电流来计算的，如果逆变器的最大充电电流是 100A，就会把这个电流限制到 100A，然后看蓄电池的最大充电电流，现在普通铅酸电池充电电流一般是 $0.2C$，也就是说一个 12V/200Ah 的电池，最大充电电流是 $200 \times 0.2 = 40$ （A），因此要并联 3 个才满足 100A 的电流，现在锂电池有 48V/100A 的产品可供选择。

2.7.3　放电电流的计算

蓄电池的最大放电电流也是由三个方面来决定的：一是逆变器本身的最大放电电流；二

是负荷的大小;三是蓄电池允许的最大放电电流。正常情况下,蓄电池的放电电流由负荷决定,蓄电池的放电电流等于负荷功率除以蓄电池电压乘以逆变器效率,若负荷功率是3kW,蓄电池电压是48V,逆变器效率是0.96,则此时最大的充电电流为$3000/(48 \times 0.96) \approx 65$(A),要注意蓄电池的充放电容量有可能不一样,有的铅炭电池放电电流可达1C。在光储能系统正常运行时,若有光照,可能光伏和蓄电池同时给负荷供电,则蓄电池的电流并不按以上公式计算,蓄电池的电流要少些。

2.7.4 蓄电池的电缆怎么设计

离网逆变器都有过载能力,如一个3kW的离网逆变器,可以支持一台1kW的电动机启动,最大启动瞬时功率可以达到6kW,有些人认为这个瞬时功率的能量要由逆变器外部提供,其实毫秒级的能量无论是光伏还是蓄电池都提供不了,但逆变器可以提供,逆变器内部有储能元件——电容和电感,都可以提供瞬时功率。蓄电池充放电用到的都是同一根电缆,因此在设计时,要计算实际充放电电流,哪个最大,就选哪个。如一个5kW的逆变器,配4kW的组件,带3kW的负荷,蓄电池是48V/600Ah,逆变器自身最大充电电流是120A,光伏最大充电电流是80A,负荷最大蓄电池的最大放电电流是65A,如果逆变器不支持光伏和市电同时充电,电缆按80A来选,用$16mm^2$;如果光伏和市电可以同时充电,电流就可以达到120A,这时候电缆要用$25mm^2$的。

当光伏输出和负荷功率差不多或者稍大时,光伏电流可以不经过蓄电池直接供给负荷,此时离网系统效率最高。当光伏发电和负荷用电不在同一个时间段时,例如光伏白天发电,负荷晚上用电,这时候光伏发电必须要先进入蓄电池再进入负荷,此时离网系统效率较低。蓄电池的电缆要按电池充放电最大电流来设计,同一台逆变器在不同的应用场合,电流不一样,需要区别计算。

2.7.5 离网逆变器为什么有过载的要求

在光伏并网系统中,组件、逆变器、电网构成电气系统,组件转化太阳能,逆变器发出的功率与阳光辐射的大小呈正相关,因此并网逆变器对交流过载没有特别要求,这是因为逆变器的输出功率基本上不会超过组件功率。而在光伏离网系统中,组件、蓄电池、逆变器、负荷构成电气系统,逆变器的输出功率是由负荷决定的,有些感性负荷,如空调、水泵等,里面的电动机启动功率是额定功率的3~5倍,因此离网逆变器对过载有特别要求。

离网逆变器峰值功率对比见表2-1。从表2-1可以看出,采用高频隔离技术的离网逆变器,峰值功率可以达到额定功率的两倍;采用工频隔离技术的离网逆变器,峰值功率可以达到额定功率的3倍。这样,一台3kW的高频离网逆变器可以带动一台1匹的空调(启动功率约5.5kVA),一台12kW的工频离网逆变器可以带动一台6匹的空调(启动功率约

33kVA）。逆变器给负荷提供启动能量，一部分来自蓄电池或者光伏组件，超出的部分也要靠逆变器自己（内部的储能元件——电容和电感）来提供。

表 2-1　　　　　　　　　　离网逆变器峰值功率对比

类型	SPF3000TL HVM	SPF5000TL HVM	SPF10KT HVM	SPF12KT HVM
隔离技术	高频隔离	高频隔离	工频隔离	工频隔离
额定功率	3kW	5kW	10kW	12kW
峰值功率	6kVA	10kVA	30kW	36kW

电容和电感都是一种储能元件，不同的是电容是以电场的形式储存电能，电容的容量越大，储存的电量越多。而电感则是以磁场的形式存储能量，电感器磁芯的磁导率越大，电感量也越大，则能够储存的能量也越多。

电容的原理从其结构方面讲是两边各有一块金属板引出两个电极，中间由绝缘物质隔开，在电容两端未施加外部电场的情况下，两个极板上所带的正负电荷处于一种平衡状态。当在电容两端施加外电场时，一端极板上开始聚集正电荷，另一端极板则聚集负电荷，随着电容两端的电压不断升高至电源电压，电容充电停止，此时就算断开外电路，电容上的能量也不会消失，这是因为正负电荷具有"同性相斥、异性相吸"的特性，两端的电荷相吸引就形成了储存能量的作用。

工频隔离变压器是指频率为工频（50Hz）的变压器，变压器一次和二次都有电感，和逆变器里面的滤波电感一样，都可以储存一定的电能。而当电感流过电流时，由于电流会存在磁场，当电流的磁场经过磁芯时，电流磁场会打破"磁畴"的平衡状态，使"磁畴"同时趋向于外部磁场的方向，进而导致磁芯此时会对外表现出磁场。这个磁芯磁场从无到有的过程，其实就是电感储存磁场的过程。

电感是由漆包线绕制在绝缘骨架或磁芯上形成的元器件，当线圈中有电流通过时，会在周围产生一定的磁场，而当通过的电流含有交流成分时，产生的磁场就是不断变化的，根据电磁感应原理，变化的磁力线又会在线圈两端产生感应电动势，不过此电动势的方向和原来产生的电动势方向相反，并以此来阻碍电流的变化。

电感的主要作用就是阻碍电流的变化，电流增加时，它会阻碍电流的增加，同时通过磁场储存一部分能量；而当电流减小时，它又会阻碍电路中电流的减小，并释放出储存的能量来维持电流。正是因为电感有储存能量的特性，所以才有滤波和延迟等功能。

光伏离网系统中输出功率是由负荷决定的，当有电动机等感性负荷启动时，短时间需要非常大的电流，光伏是不能提供这些能量的，蓄电池也不能提供，这是因为如果锂电池短时间过载输出，会引起爆炸。但是，逆变器里面的电容、电感、变压器可以储能电量，还可以短时间放大几倍输出而不损坏。

2.7.6 光储系统如何选择和排布电缆

在光储系统总成本中，电缆和开关等附件的成本已超过逆变器，仅低于组件和支架。在设计时，技术人员会根据电流大小、应用场景、敷设方法来设计电缆的参数，如电缆种类、线径、颜色等，然而生产电缆的厂家非常多，同一个线径有很多种型号，即使是同一种型号，也有很多种类型。在电缆的众多种类中，选购电缆要先看两个方面：导体和绝缘层。

1. 电缆的导体

把电缆的绝缘层剥去，里面露出的铜线（或者铝线）就是导体。以铜线为例，从两个角度来判断导体的优劣：

（1）颜色。虽然都叫"铜"，但都不是100%的纯铜，里面多多少少都会含有杂质。所含杂质越多，导体的导电性就越差。导体中所含杂质的多少，一般会表现在颜色上。最优质的铜称为"红铜"或"紫铜"，顾名思义，这种铜的颜色发红、发紫，呈现紫红色、暗红色。越差的铜，颜色越淡，越发黄，称为"黄铜"。有一些铜呈现淡黄色，这种铜的杂质含量就已经非常高了。

还有一些电缆的导体是白色的，这是铜线外镀了一层锡，主要是为了防止铜氧化形成铜绿，因为铜绿的导电性很差，会增加电阻，以及增加散热。镀锡后可以改善导电，改善导线性能。另外，铜导线镀锡还可以防止绝缘橡皮发黏及线芯发黑变脆，并提高其可焊性能，直流电缆基本上都是镀锡铜线。

（2）粗细。线径相同时，导体越粗，导电能力越强。对比粗细时，应该只对比导体，不应该加上绝缘层的厚度。

尽量采用多股软线，一根电缆内只有一根芯线，如 BVR–1×6，称为单芯线；一根电缆内有多根芯线，如 YJV–$3 \times 25 + 1 \times 16$，称为多芯线；每根芯线由多根铜线组线，称为多股线，比较软，适合于光伏系统。单股线可以直接压接在端子上，但单股线比较硬，不适合安装在转弯半径较小的场合。对于小于 $16mm^2$ 的多股线，建议配电缆端子，采用手动压接端子钳；对于大于 $16mm^2$ 的多股线，建议采用液压钳专用端子。

2. 电缆的绝缘层

电缆表面的胶皮就是电线的绝缘层。它的作用就是把通电导体和外界隔离开来，不让电能流到外面，防止外部的人触电。判断绝缘层的好坏，一般可以用以下三种方法：

（1）摸。用手轻摸绝缘层表面，如果表面粗糙，证明绝缘层的生产工艺较差，容易发生漏电等故障。用指甲按压绝缘层，如果能够快速回弹，证明绝缘层厚度高、韧性好。

（2）弯。拿一段电缆，来回弯折数次，再把电缆打直观察。如果电缆表面没有痕迹，证明电缆韧性较好。如果电缆表面有明显压痕、严重发白，证明电缆韧性较差，长时间埋在地下很容易老化、发脆，将来容易漏电。

（3）烧。用打火机持续对着电线燃烧，直至电线绝缘层起火。之后关闭打火机开始计时，如果电线能够在 5s 以内自动熄灭，证明电线阻燃性较好；否则证明电线阻燃能力不达标，当电路过载或电路短路时容易引起火灾。

光储系统电缆排布技巧如下：光储系统的线路分为直流部分和交流部分，这两部分线路是需要单独排布的，直流部分与组件连接，交流部分要与电网连接。中大型电站直流电缆较多，为了方便以后检修，各电缆的线号要贴牢。强电和弱电线分开，如果有信号线，要单独走线，避免受到干扰。要准备穿线管、桥架，尽量不要让线外露，走线时横平竖直会更好看。穿线管，桥架内尽量不要有电缆接头，因为维护不方便。

2.7.7　光储系统使用铝合金电缆要注意什么

光伏平价上网时代，控制系统成本非常关键，近十年来，组件和逆变器的价格下降了90%，给光储系统的整体成本下降带来了很大的贡献，但是电缆的成本却一直未降，在大型项目中，电缆在系统中的占比达到 10%，比逆变器的占比还要高。其实只要设计和安装得当，在保证系统正常运转和安全的前提下，部分交流电缆采用铝合金电缆，可以降低一部分成本。

光伏电站的电缆分为直流电缆及交流电缆，其中对于组件与组件之间的直流电缆和组件到逆变器之间的直流电缆，一般要求使用光伏专用直流铜电缆；而对于从逆变器出来到交流配电柜之间的电缆，或者配电柜到变压器之间的电缆，则没有要求用什么电缆。

铝合金电缆是以 AA8030 系列铝合金材料为导体的新型材料电力电缆。铝合金的电阻率介于铝与铜之间，高于铜而略低于铝，在相同载流量前提下，同等长度的铝合金导体的质量仅为铜的一半。铜和铝电缆载流量对比见表 2-2。

表 2-2　　　　　　　　　　铜和铝电缆载流量对比

导线截面积（mm^2）	铝电缆（A）	铜电缆（A）	导线截面积（mm^2）	铝电缆（A）	铜电缆（A）
1.5	19	27	50	175	230
2.5	26	33	70	225	285
4	35	45	95	295	345
6	45	58	120	330	400
10	60	85	150	380	470
16	85	110	185	430	540
25	115	145	240	510	660
35	148	168	300	600	770

通过表2-2可以看到，当铝合金导体的截面积是铜导体1.5倍时，铝合金电缆和铜电缆实现了相同的载流量、电阻和线损。

使用寿命方面，金属表面与氧发生作用后，会生成不同的金属氧化物。铝的氧化物能构成致密的有一定硬度的表面保护膜。铁的氧化物结构松，易于脱落，并继续不断地向金属内部渗入、扩散，破坏材料。铜的氧化物俗称铜绿，介于以上两者之间，是一种有毒物质。

经济方面，也是最重要的方面，对于0.6/1kV电压等级，YJLHV铝合金电缆和YJV铜电缆的价格对比见表2-3。

表2-3 YJLHV铝合金电缆和YJV铜电缆的价格对比

导线截面积（mm²）	铝电缆（元/m）	铜电缆（元/m）	导线截面积（mm²）	铝电缆（元/m）	铜电缆（元/m）
10	2.7	7.5	95	18	60
16	3.8	11	120	24	76
25	4.8	18	150	29	96
35	6.9	24	185	36	120
50	9.6	32	240	50	150
70	15	45	300	60	196

从表2-3可以看到，铝合金电缆的成本为铜电缆的25%~50%。采用铝合金电缆成本优势比较大。例如，在一个400kW的村级扶贫电站，从交流配电柜到升压变压器的距离为1500m，400kW电站输出最大电流为580A，如果采用铜电缆，每一相要用两根150mm²，这样3相要用6根，总长度是9000m，价格是86.4万元；如果用铝合金要用两根240mm²，总长度也是9000m，价格是45万元，可节省41.4万元，而且240mm²的铝线比150mm²的铜线损耗还低一些。

还有一种稀土铝合金电缆，采用高延伸率铝合金材料，在纯铝中通过加入硼等稀土微量元素材料，并经辊压技术及特殊的退火工艺处理，使电缆具有较好的柔韧性，当其表面与空气接触时，可形成一种薄而坚固的氧化层，能耐受各种腐蚀。即使在长时间过载或过热时，其也能保证连接的稳定性，成本比普通的铝合金电缆稍高10%左右。

铝电缆的应用范围包括长距离的架空线、空间比较大的地下电缆沟、有可靠固定桥架。

铜的熔点为1080℃，而铝和铝合金的熔点为660℃，因此铜导体是耐火电缆更好的选择。现在一些铝合金电缆厂家宣称可以生产耐火铝合金电缆并且通过了相关国家标准测试，但铝合金电缆与铝电缆此方面没有差别，如果处于火灾中心，即温度高于铝合金和铝电缆熔点时，不论电缆采取何种隔热措施，电缆都会在很短的时间内融化，丧失导电功能，因此铝合金不宜作为耐火电缆导体，也不宜在人口密集的城市配电网、楼宇、厂矿中使用。

相对于铝芯电缆，铜芯柔性好，允许的弯度半径小，反复折弯不易断裂，因此拐弯较多、穿管较多或者线路复杂的场合不宜使用铝电缆。

由于电气开关接设备的端子材料都是铜的，铜铝直接相接，通电后就会产生原电池的化学反应：活泼性更高的铝就会加速氧化，导致接头处电阻变高，载流量变低，因此在铜铝相接时需要采取一些措施，比如使用铜铝过渡接线端子或者铜铝过渡接线排，消除电化学反应。

3 分布式光储系统设计

分布式光储系统分为离网系统、并离网储能系统、并网储能系统和多种能源混合微电网系统四种，各有优缺点，可根据实际情况选择。如在一个海岛做一个光储系统，海岛有市电，也有燃油发电机，可以根据项目的容量大小和项目的实际需求，选择带市电互补的光伏离网系统及油光互补离网系统、并离网储能系统、光伏微电网储能系统。

3.1 光伏离网系统应用场景和解决方案

了解客户的基本需求后，计算和设计出系统主要设备的容量和选型，下一步就是确认系统的方案。光伏离网系统都是硬需求，用户对电的需求依赖性很大，设计时首先要考虑系统的可靠性，然后就根据客户的不同需求，提供不同的解决方案，在满足客户的需求的前提下，尽量增加发电量和减少系统成本。

3.1.1 低成本小型离网系统解决方案

对于小型离网系统，主要用户来自贫困无电地区、偏远山区、牧民以及旅游人群，以解决照明、手机充电等需求为主，系统每天用电量在5kWh以下，负荷功率在1kW以下，用户对用电的需求不是非常迫切，对产品的诉求是简单可靠、价格便宜。因此建议采用PWM控制器，修正波的逆变器，把控制器、逆变器和蓄电池做成一体，这种方式结构简单、效率高、接线方便、价格也很便宜，带动灯泡、小电视、小风扇也没有问题。

3.1.2 中小型实用离网系统解决方案

对于中小型实用离网系统，主要用户来自比较富裕的缺电地区，如牧民、海岛居民，中型渔船，比较偏远的风景区，以及一些通信、监控基站等；以保证照明、电视机、风扇、空调等生活基本需求为主，系统每天用电量在50kWh以下，负荷总功率在20kW以下，用户对用电有一定需求，对产品的诉求是实用可靠、价格不贵。解决方案如下：

（1）如果用户感性负荷不多，建议采用MPPT控制器加高频隔离逆变器的方案，质量小，价格便宜；如果用户感性负荷较多，建议采用 MPPT 控制器加工频隔离逆变器的方案，用电可靠，能带冲击性负荷。

（2）如果用户的负荷功率比较小，但用电时间很长，建议选择控制器和逆变器分体式方案，可以选择用较大的控制器和较小的逆变器，增加发电量，减少系统成本；如果用户的负荷功率比较大，但用电时间不长，建议选择控制器和逆变器一体化方案，系统接线简单。

3.1.3 中大型可靠性离网系统解决方案

中大型可靠性离网系统主要应用在经常停电、电价较高、峰谷价差很大、光伏不能上网的工商业地区、风景区等场合，保证以人们日常生活、办公、商业活动的用电需求为主，系统负荷功率在 20 ~ 250kW，每天用电量在 500kWh 以下。中小型离网系统解决方案有多种形式。

对于 20 ~ 60kW 的系统，可以选择多台单相小型离网逆变器并联组网的方案，相对而言，这种方案接线和调试比较复杂，但价格比较便宜，灵活性高，万一有一两台逆变器坏了，系统还可以继续运行。还可以选择控制器和逆变器分体式方案及控制器和逆变器一体化方案，采用中大型的单台逆变器，系统接线简单，调试方便，还可以与燃油发电机组构成混合供电系统，与纯离网光伏对比，可节省大量昂贵的蓄电池，综合发电成本低。对于 60kW 以上的系统，目前有直流耦合和交流耦合两种拓扑结构，可根据用电情况进行选择。

3.1.4 大型多种能源离网系统解决方案

大型多种能源离网系统主要应用在一些没有电网、人口较多的偏远山区及海岛、旅游区、电价很高的工商业区等地方，功率在 250kW 以上，目前单机功率为 250kW 的离网逆变器较少，一般是采用双向储能变流器，将并网逆变器、蓄电池组合成光伏微电网储能系统，除了光伏和储能之外，通常还有风力发电机、燃油发电机等其他类型的发电装置。目前微电网大多数采用交流耦合的拓扑结构，使用集中式逆变器和双向储能变流器。

微电网可充分有效地发挥分布式清洁能源潜力，降低容量小、发电功率不稳定、独立供电可靠性低等不利因素的影响，确保系统安全运行。微电网应用灵活，规模可以从数千瓦直至几十兆瓦，大到厂矿企业、医院、学校，小到一座建筑都可以发展微电网。

3.2 并网和离网的区别

从目前来看，光伏的典型应用有两种，即并网系统和离网系统。并网系统依赖于电网，采用的是"自发自用、余电上网"或者"全额上网"的工作模式。离网系统不依赖于电网，靠的是"边储边用"或"先储后用"的工作模式。对于无电网地区或经常停电地区家庭来说，离网系统具有很强的实用性。

由于离网大多是刚性需求，相对来说利润较高，有些以前做并网的安装商，也想做一部分离网项目，但需要转变一部分思维，如果还继续用并网的思路去做离网，有可能成交不了或者满足不了客户的要求。

3.2.1　离网系统大多是刚性需求

我们把钱投资到房产、股票、实业等项目，都要算一下每年能赚多少钱，多少年可以回本，建电站也是投资行为，因此客户最关心的是投资回报率。我们若买一个手机、电脑、衣服等生活必需品，则没有人会去算多少年能把本钱赚回来，离网系统也是一样，除了少数电价特别贵，又特别富有的地方外，绝大多数离网系统是为了满足人民基本的生活用电需求，如果同一个离网用户去算投资回报，可能 10 年甚至 15 年都回不了本，客户一听就有可能取消安装离网系统的想法。

3.2.2　离网系统成本高

离网系统由光伏方阵、太阳能控制器、逆变器、蓄电池组、负荷等部分构成。同并网系统相比，多了蓄电池，占据了发电系统 30% ~ 40% 的成本，和其他组件的成本几乎差不多。而且蓄电池的使用寿命都不长（铅酸电池一般都在 3 ~ 5 年，锂电池一般都在 8 ~ 10 年），过后又得更换。

同等功率的逆变器，离网逆变器价格是并网逆变器的 1.5 ~ 3 倍，离网逆变器比并网逆变器结构复杂，并网逆变器一般是升压和逆变两级结构，离网逆变器一般有四级结构，包括控制器、升压、逆变、隔离，成本是并网逆变器的 2 倍左右。

同等功率的离网逆变器过载能力比并网逆变器要高 30% 以上，并网逆变器前级接组件，输出接电网，一般不需要过载能力，这是因为很少有组件的输出功率大于额定功率；离网逆变器输出接负荷，而有很多负荷是感性负荷，启动功率是额定功率的 3 ~ 5 倍，因此离网逆变器的过载能力是一个硬指标，过载能力强，元器件的功率就要加大，意味着成本就高。

离网逆变器产量低，目前光伏并网市场占有率约 98%，离网市场占有率约 2%，出货量很低，不能自动化生产，因此原材料和生产成本都要高很多。

3.2.3　离网系统大多要配蓄电池

在光伏离网系统中，蓄电池成本和太阳能组件差不多，但寿命比太阳能组件短很多，蓄电池的任务是储能，保证系统功率稳定，在夜间或阴雨天保证负荷用电。离网系统必须配备蓄电池，主要原因如下：

（1）光伏发电时间和负荷用电时间不一定同步。光伏离网系统输入是组件，用于发电，输出接负荷。光伏都是白天发电，有阳光才能发电，往往在中午发电功率最高，但是在中午用电需求并不高，很多离网电站用户晚上才用电，那白天发出来的电就要先储能起来，这个储电设备就是蓄电池。等到用电高峰如晚上七八点钟，再把电量释放出来。

（2）光伏发电功率和负荷功率不一定一样。光伏发电受辐射度影响，不是很稳定，而负荷也不是稳定的，像空调、冰箱，启动功率很大，平时运行功率较少，如果光伏直接带负荷，就会造成系统不稳定，电压忽高忽低。蓄电池就是一个功率平衡装置，当光伏功率大于负荷功率时，控制器把多余的能量送往蓄电池组储存；当光伏发的电不能满足负荷需要时，控制器又把蓄电池的电能送往负荷。

除离网系统大多是刚性需求、成本高、大多要配蓄电池外，离网系统的设计和并网系统也不一样，组件、逆变器、蓄电池都要根据用户的需求定制，只有转变了这些思维，才能做好离网系统。

3.3　带市电互补光伏发电系统

在一些电价较贵，或者经常停电、电网不稳定的地方，安装光伏发电系统是一个不错的选择。但是光伏并网系统在停电时不能发电，浪费了一部分能源，负荷不能工作，影响工作的连续性，如果安装光伏离网系统，停电时光伏还可以继续发电，不影响设备连续工作，因此总体效益较好，但纯离网系统需要配置较多的蓄电池，前期投资高，而且遇到连续阴雨天，用电也得不到保障。因此采用光伏和市电互补的发电方式，既可以充分利用可再生能源，又可以减少蓄电池投资，用电保障也比较大，是一个不错的选择。

随着技术的发展，储能逆变器功能多样化，目前光伏市电互补的系统也可以有多样方案，可以根据市电的价格、稳定性及客户对用电的要求，选择合适的方案。目前光伏市电常见的类型有 5 种：光伏优先模式、市电优先模式、市电仅支持充电、市电仅支持旁路（经济模式）、市电（油机）旁路充电都支持（负荷优先）。这些模式各有特点，要根据用户的要求去选择。

目前离网逆变器还有一种新的使用模式，即市电和光伏可以联合带荷，适合于在市电较贵、自发自用余电不能上网、负荷不超过 30kW 的小型商用电站，以及负荷用电和光伏发电基本同步的应用场合。工作模式如下：

（1）当系统有光伏有市电时，可以并网自发自用。当光伏功率小于负荷功率时，光伏能量全部供给负荷，不足部分由市电补充，光伏和市电联合带负荷。当光伏大于负荷功率时，光伏能量优先提供给负荷，多余的能量可以给蓄电池充电。如果没有蓄电池，逆变器根据当前负荷的大小，调节光伏发出的功率，保证逆变器不会向电网送电。

（2）当系统有光伏无市电时，逆变器可以在一定程度上离网工作，但当负荷功率大于光伏功率时，逆变器会停止工作，这种情况适合于可以随输入而变化的负荷，如电热水器等，或者光伏功率比负荷功率大很多的场合。

【典型设计方案】某家庭作坊设备负荷为 12kW，主要设备是电烤箱，每个月用电约 1500kWh，大部分时间用电都是在白天，电价是 0.7 元/kWh，该地方用电不太稳定，平均每天会停电 1~2h，停电后电烤箱会降温，重启后要升温半小时才能工作。

设计采用 340W 的单晶组件 48 块，总功率为 16.32kW，逆变器采用 3 台 SPF5000ES 并机，每台逆变器配 18 块组件，8 串 2 并。一个 3 进 1 出的汇流箱接入负荷。系统总成本约 6.5 万元，平均每天可以发 60kWh 电，每年可节约 1.5 万元电费，大约 4 年多就可以收回投资。

3.4　各种类型的油光互补发电系统

在一些远离大电网的偏远山区和海岛，人们为了取得电能，保证日常生活便利，常用燃油发电机来充当电源。近年来随着光伏系统的成本逐年下降，在当前柴油价格趋于上涨的形势下，光伏发电系统也开始进入人们的视野，实践证明，燃油发电机组和光伏系统构成的发电系统，具有更好的经济性。

随着技术的向前发展，目前油光组合的系统具有多样性，离网逆变器、并网逆变器、离并网逆变器、双向储能逆变器等都可以和燃油发电机组构成系统，由于技术路线不一样，系统成本和可靠性也相差比较大，投资方可根据客户的实际需求选择合适的方案。

（1）离网逆变器和燃油发电机互补方案。离网逆变器和燃油发电机互补方案采用离网逆变控制一体机，带燃油发电机输入接口，当光伏输入充足时，由光伏给负荷供电，用不完的电存入蓄电池中；当光伏输入不足时，由光伏和蓄电池共同给负荷供电，当蓄电池的电也不够时，系统启动燃油发电机，经过逆变器旁路开关给负荷供电。离网逆变器和燃油发电机互补系统示意图见图 3-1。

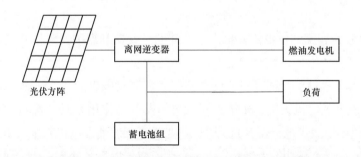

图 3-1　离网逆变器和燃油发电机互补系统示意图

对于燃油发电机与光伏离网系统构成的供电系统，初始投资成本低，系统设备不多，也不需要复杂的设计，后期维护成本也低。不足之处就是光伏和燃油发电机不能并机，不能同时给负荷供电，二者之间只能二选一，还存在切换时间，难以完全保障重要负荷不间断运行。这种方案比较适合对用电要求不是特别高，而预算有限制的中小型用电系统。

（2）带储能的并网逆变器和燃油发电机互补方案。带储能的并网逆变器和燃油发电机互补方案由并网逆变器、双向储能逆变器和燃油发电机（或者并离网一体机和燃油发电机）等设备组成。当光伏输入充足时，由光伏给负荷供电，用不完的电存入蓄电池中。当光伏输入不足时，由光伏和蓄电池共同给负荷供电，当蓄电池的电也不够时，系统启动燃油发电机，这时候可以选择光伏给蓄电池充电，燃油发电机给负荷供电；也可以选择光伏、蓄电池、燃油发电机一起给负荷供电，或者蓄电池和燃油发电机一起给负荷供电，比较灵活。储能并网逆变器和燃油发电机互补系统示意图见图3-2。

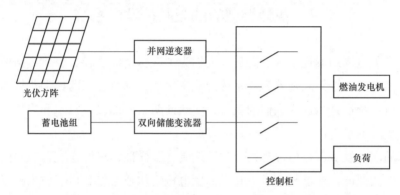

图3-2　储能并网逆变器和燃油发电机互补系统示意图

燃油发电机与光伏并网储能系统构成供电系统，和离网系统加燃油发电机相比，优点如下：配置更灵活，使用普通的并网逆变器即可，光伏和储能以及油机可以自由组合，不需要1∶1设计，各种设备的功率可以叠加，可降低初期投资；并网逆变器效率更高，可最大化利用太阳能；可组成更大的系统，从100kW到几十兆瓦都可以组建；光伏和燃油发电机之间无缝切换，可以保障重要负荷不间断运行。不足之处是系统设备多、造价高、控制系统复杂、售后成本高。

（3）并网逆变器和燃油发电机并机方案。并网逆变器和燃油发电机并机方案由并网逆变器和燃油发电机等设备组成，没有储能系统，系统简单，成本低，一般要求燃油发电机的功率比并网逆变器大3倍以上，而且对并网逆变器和燃油发电机的性能还有一定的要求。

这种系统以燃油发电机为主，光伏为辅，光伏发电的作用是减少燃料的损耗。一般情况下，由燃油发电机给负载供电，当有光伏时，逆变器并入燃油发电机系统，由光伏和燃油发电机共同给负荷供电，当负荷功率大于光伏时，光伏逆变器以最大功率输出，燃油发电机自动调节功率，保持系统稳定。当负荷功率小于光伏时，燃油发电机停止，光伏逆变器进入离网状态，最大功率追踪功能关闭，光伏逆变器的输出功率跟随负荷；当负荷功率上升超过光伏功率时，又重新启动燃油发电机。并网逆变器和燃油发电机互补系统示意图见图3-3。

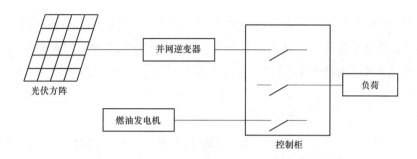

图 3-3 并网逆变器和燃油发电机互补系统示意图

这种并网逆变器和燃油发电机直接并机的方案成本最低，可节省昂贵的储能费用，但应用场景受到限制：一是必须是燃油发电机为主的发电场所，二是并网逆变器要定制。逆变器并入电网和并入燃油发电机组有很大的不同，交流电压频率保护值、孤岛检测方式都要有大的改动，逆变器同时还要具备不带储能的离网功能，而常规的并网逆变器不具备这些功能。

光伏和燃油机发电各有特点，光伏发电初期投资高，后期不需要补充原材料，是一次性投入，运营维护成本低；燃油机发电初始投资成本不高，后期需要补充燃油，是多次性投入，运营维护成本高。对于 50kW 以下的小型用电系统，或对负荷用电要求不是特别高的系统，建议采用离网逆变器和燃油发电机互补方案，成本低，设备可靠性高；对于 50kW 以上中大型用电系统，建议采用带储能的并网逆变器和燃油发电机互补方案，配置灵活、效率高、度电成本低；对于超过 500kW 并且原来已有燃油机发电的场合，建议采用并网逆变器和燃油发电机并机方案，成本最低。

3.5 离网逆变器工作模式的选择

在带有市电互补的离网系统中，能量输出侧有光伏发电和市电两种，负荷消耗能量，蓄电池既可以吸收电能，又可以释放电量给负荷使用。因此在离网系统中，负荷用电的来源有市电、电池优先、光伏三种，蓄电池充电模式也有三种，即市电充电、光伏充电、市电。光伏离网用户的应用场景和要求相差很大，因此要根据用户的实际需求选择不同的模式，尽可能满足客户的要求。

3.5.1 光伏优先用电模式

（1）工作原理。光伏优先给负荷供电，当光伏功率小于负荷功率时，储能电池和光伏一起给负荷供电；当没有光伏或者蓄电池电量不足时，如果检测到有市电，逆变器再自动切换到市电供电。

（2）适用场景。应用于无电地区或者缺电地区，市电的电价不是很高，经常停电的地方，要注意的是当没有光伏，但蓄电池电量还很充足时，逆变器也会切换到市电带负荷，缺点是会造成一定的电量浪费；优点是如果市电停电，蓄电池还有电，可以继续带负荷。对用电要求很高的用户可以选择这个模式。

3.5.2　电网优先用电模式

（1）工作原理。不管有没有光伏，蓄电池有没有电，只要检测到有市电，都是由市电给负荷供电，只有检测到市电停电后，才切换到光伏和电池给负荷供电。

（2）适用场景。应用于市电电压稳定、价格便宜，但供电时间短的地方。光伏储能相当于一个后备的 UPS 电源，这种模式的优点是光伏组件配置可以相对较少，前期投资低；缺点是光伏能源浪费比较大，很多时间可能都用不到。

3.5.3　电池优先用电模式

（1）工作原理。光伏优先给负荷供电，当光伏功率小于负荷功率时，储能电池和光伏一起给负荷供电，当没有光伏，蓄电池电量单独给负荷供电，当蓄电池电量不足时，如果检测到有市电，逆变器再自动切换到市电供电。

（2）适用场景。应用于无电地区或者缺电地区，市电的电价较高还经常停电的地方。要注意的是，当蓄电池电量要用到低值时，逆变器才会切换到市电带负荷，优点是光伏利用率很高；缺点是用户的用电不能完全保证，当蓄电池的电用完，但市电恰好停电时，就没有电可以用了。对用电要求不是特别高的用户，可以选择这个模式。

3.6　分布式光伏离网系统设计步骤

分布式光伏离网系统主要由光伏组件、支架、控制器、逆变器、蓄电池及配电系统组成，主要用于无电或者缺电地区，以解决生活基本需求为主。离网系统没有标准的方案，但离网设备有很多种类，可以组合成不同的方案，适应不同的用户需求。离网系统用电主要靠天气，没有 100% 的可靠性。

3.6.1　前期调研

离网系统设计之前，前期工作要做好，一是统计用户的用电负荷的类型和功率的总和，像空调、洗衣机、水泵、冰箱等电器，里面有电动机，是感性负荷，启动功率大；二是统计每天的平均用电量、高峰用电量、白天和晚上的用电量等；三是先了解用户安装地点的气候条件、平均峰值日照小时数据，一年中连续阴雨天数量等；四是了解有没有市电或者燃油发电机；五是了解清楚用户的预算和经济情况，对用电的紧急程度。了解这些情况摸清楚之后，就可以对症下药，去做设计方案了。

3.6.2　方案设计

离网系统的设计主要是根据前期调研的数据，确认系统逆变器、组件和蓄电池的容量，这个设计方法和并网系统完全不同，不能照搬。逆变器、组件和蓄电池设计选型的依据各不相同，但相互之间也需要互相配合。

（1）离网逆变器的功率要根据用户的负荷类型和功率来确认。逆变器的输出功率要大于实际负荷的启动功率。洗衣机、空调、冰箱、水泵、抽油烟机等带有电动机的负荷是感性负荷，电动机启动功率是额定功率的 5~7 倍，在计算逆变器的功率时，要把这些负荷的启动功率考虑进去。预算较高、对用电要求较高的用户，输出功率按所有的负荷功率之和来计算；预算不高的用户，考虑到所有的负荷不可能同时开启，为了节省初始成本，输出功率可以在负荷功率之和乘以 0.7~0.9 的系数。

（2）组件功率要根据用户每天的用电量来确认。光伏是可再生能源，因此组件平均每天的发电量要大于用户每天有用电量，至于大多少，要看当在地天气条件和用户的预算及对用电的需求。一般来说，天气条件有低于和高于平均值的情况，大部分地区冬天的光照都比夏天差，有些地区甚至差 1 倍以上。预算较高、对用电要求较高的用户，组件功率设计的基本满足光照最差季节的需要，就是在光照最差的季节蓄电池也能够基本上天天充满电。预算不高的用户，如果按最差情况设计太阳能电池组件的功率，那么在一年中的其他时候发电量就会超过实际所需，造成浪费，这时组件功率按年平均光照就可以了，还可以适当加大蓄电池的设计容量，增加电能储存，使蓄电池处于浅放电状态，弥补光照最差季节发电量的不足。

（3）蓄电池容量根据用户的用电量来确定。在没有光伏时，由蓄电池提供电能给系统负荷。对于重要的负荷，如有足够的预算，要考虑连续阴雨天数，对于一般的负荷（如太阳能路灯等）可根据经验或需要在 2~3 天内选取，对于重要的负荷（如通信、导航、医院救治等）在 3~7 天内选取，要能在几天内保证系统的正常工作。对于一般贫困家庭而言，主要考虑价格，不用考虑阴雨天，太阳好时多用，太阳不好时少用，没有太阳时则不用。

3.6.3　设备选型

离网用户的需求是多种多样的，根据用户的要求设计光伏系统，要灵活处理，不要拘泥于固定的公式。

选择逆变器时，要看使用场合，如果只是简单的照明应用，建议选用 PWM 控制器和修正波逆变器，可以节省初始成本；如果有空调、洗衣机、水泵等含有电动机的感性负荷，建议选用 MPPT 控制器和工频逆变器，带负荷能力强；如果是综合性负荷，建议选用高频逆变器，兼顾成本和带负荷能力。

在有市电补充的地方，也可以根据实际情况，选择不同的优先模式。市电电压稳定、价格便宜、但供电时间短的地方，建议选择电网优先用电模式；在市电的电价较高还经常停电的地方，用电要求不是特别高的用户，建议选择电池优先用电模式；在市电的电价不是很高、经常停电的地方，对用电要求很高的用户，建议选择光伏优先用电模式。

3.7 油光互补离网系统设计

光伏发电和燃油发电各有其优缺点。光伏发电环保、没有噪声、单瓦成本低，但初始投资高，而且受天气影响大；燃油发电初始投资低、不受天气影响，但不环保、单瓦成本高且存在噪声污染问题，影响生活质量。实践证明，采用光伏发电为主，燃油发电为辅，加上合适的储能系统，具有更好的经济性和实用性。在进行经济性分析时，成本和效益应当考虑在系统寿命周期内的总成本和总效益。

3.7.1 光伏发电成本分析

光伏系统的寿命周期成本等于投资成本、运营维护费与财务成本的和。光伏系统投资成本包括光伏组件、蓄电池、逆变器、配电柜、支架、电缆等设备和材料购置费，还有工程建设费和交通运输费；运营维护费包括运营人员工资、逆变器等电气设备维修费、光伏组件清洗费等，光伏系统运营期一般为 20 ~ 25 年。与燃煤燃油发电需要购置、运输、储存能源以及处理残余物的情况不同，光伏系统的输入能量来自太阳，在运营期内光伏系统不需要其他能源，也几乎不产生残余物。若光伏阵列采用固定式安装，则光伏系统中没有易损的旋转部件，而组件等主要电气设备使用寿命均在 20 年以上，系统的维护工作量也很小，每年的维护费用占系统成本的 5% 左右。

光伏系统效益与发电量成正比，而决定光伏系统发电量的因素有光伏组件额定容量、现场太阳辐射量和光伏系统效率。光伏组件额定容量是在标准测试条件下得出的光伏组件输出功率峰值，由于现场条件不同于标准测试条件，光伏组件实际输出电量主要取决于现场的太阳辐射量。另外，光伏系统输出功率还应计入各种损耗和老化的影响。

由于光伏发电受天气影响非常大，阴雨天不能发电，因此在系统设计时，要考虑当地的天气。对用电有要求的用户，还要考虑连续阴雨天的天数。

3.7.2 燃油发电成本分析

燃油发电的寿命周期成本由以下几种组成：柴油发电投资成本，主要有柴油发电机组及配套设施的购置费、工程费；寿命周期内的燃油费；机组寿命周期内的运行维护成本，主要有机组寿命周期内的维修费用、机油等耗材费用。在各项费用中，燃油费所占比重较大，由柴油机组在寿命周期内的总发电量、耗油率和柴油平均价格决定。

一般情况下柴油发电机组发电的转化效率约为31%，1升柴油的质量大约0.835kg，0号柴油每千克柴油的热值约为10200kcal/kg，约等于 $10200 \times 4.2J = 42676.8$（kJ），0.835kg柴油热值约等于 $0.835 \times 42676.8kJ = 35635.128$（kJ），$1kWh = 1000W \times 1h = 3600$（kJ），$35635.128 \div 3600 \approx 9.89$（kWh），乘以31%转化率柴油发电机组，1L柴油能发约3kWh电。

【80kW油光互补设计案例】

以一个80kW系统做对比，柴油机、油光互补两个系统，安装地在海岛，主要负荷是照明、风扇、海水淡化设备，白天用电200kWh，晚上用电100kWh，平均日照时间取4.5h。

油机出厂价约为6万元。柴油平均价格为6500元/t，运营维护费按燃油费的7%，柴油运输和储存成本不同的地方相差较大，而离网系统又在比较偏远的地区，有的地区运输和储存成本可能超过柴油本身的价格了。柴油发电成本为1.2元/kWh。

油光互补系统采用光伏发电为主，以柴油机为辅助，设计蓄电池时不考虑阴雨天，选用80kW逆变控制一体机，组件选用200块高效400W单晶组件，20块串联10块并联，总功率为80kW，100kWh电锂电池组，初期投入40万元。油光互补系统示意图见图3-4。柴油机和油光互补系统对比见表3-1。

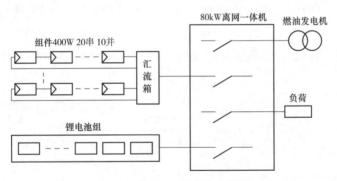

图3-4 油光互补系统示意图

表3-1 柴油机和油光互补系统对比

序号	对比项目	80kVA柴油机	80kW油光互补系统
1	初期投入	初始成本6万元	逆变器、组件、蓄电池、柴油机等，总计40万元
2	维护成本	每年约5000元	每年约3000元
3	消耗品	柴油价格6500元/t	蓄电池5年换一次，逆变器15年换一次，每年费用6万元
4	产出	一小时发电最多70kWh，根据负荷调节	平均每天发电300kWh，一年发电87600kWh
5	度电成本	柴油发电成本为1.2元/kWh	油光互补平均成本约0.8元/kWh

由于近年来光伏系统及关键部件的价格持续下降，高效组件已降到 2.0 元/W 以下，储能锂电池也降到 2000 元/kWh 以下，离网光伏发电和燃油发电相比，已经具有很大优势。

在无电网地区，柴油发电机组与光伏系统构成混合供电系统，与柴油机组单独相比，维护成本低，无噪声，发电成本也低。和纯离网光伏对比，可节省大量昂贵的蓄电池，综合发电成本也就降低了。

3.8　小型光伏离网系统典型设计

由于经济发展水平的差异，还有小部分偏远地区没有解决基本用电问题，无法享受现代文明带来的便利，光伏离网发电主要是满足无电或者少电地区居民基本用电需求。

3.8.1　500W 光伏离网系统方案

（1）客户的用电需求。照明 20W 灯具 3 盏，平均每天工作 5h；电视机 50W，平均每天工作 4h。地点为内蒙古某牧民家。

（2）需求分析。负荷总功率为 110W，都为阻性负荷，平均每天用电为 0.5kWh。

（3）设备选型。根据负荷的类型和功率，选用 12V/20A 的 PWM 控制器和 500W 修正波逆变器，组件采用一块 320W 的单晶组件，蓄电池采用一块 12V/100Ah 的铅酸电池。控制器、逆变器和蓄电池做成一体化柜子，方便携带。500W 光伏离网系统原理图见图 3-5。

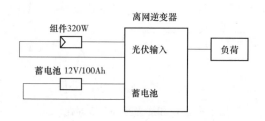

图 3-5　500W 光伏离网系统原理图

3.8.2　5kW 光伏离网系统方案

（1）客户的用电需求。照明 200W 每天工作 6h，冰箱 50W 每天工作 24h，2 台一匹空调工作 12h，电视机 50W 每天工作 10h。还有洗衣机、台式电脑、电饭锅、电风扇等家电，客户安装地点在四川凉山。

（2）需求分析。首先统计负荷总功率：照明 200W，冰箱 50W，空调 1500W，电视机 50W，洗衣机 300W，台式电脑 200W，电饭锅 1200W，电风扇 100W，总计 3600W。再统计每天用电量：照明 1.2kWh，冰箱 1.3kWh，空调 5kWh，电视机 0.5kWh，洗衣机算 1kWh，台式电脑 0.5kWh，电饭锅 1kWh，电风扇 0.5kWh，总计 11kWh。大部分用电都是在晚上，约为 8kWh。

（3）系统设计。负荷总功率为 3.6kW，因此选用功率为 5kW 的逆变器，给空调启动留有裕量；四川凉山光照条件较好，平均每天算 4h，设计选用 3.8kW 的组件，平均每天能发电 15kWh，离网系统效率较低（一般约 0.8），平均每天可用电 12kWh，因此基本上可以满足 99% 以上的用电需求；蓄电池设计为 10kWh 电，满足正常天气的用电需求，因为客户预算有限，不考虑阴雨天和冬天光照不好的天气情况。

（4）设备选型。选用 5kW 控制逆变一体机，输出功率为 5kW，组件采用 10 块单晶 380W 的组件，采用 8 块 12V/150Ah 铅酸电池。

（5）电气方案。10 块组件全部串联，接入逆变器光伏输入端，8 块 12V/150Ah 铅酸电池，采用 4 串 2 并的方式接入逆变器的蓄电池输入端。光伏离网系统原理图见图 3-6。

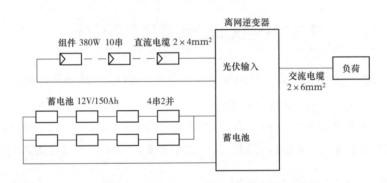

图 3-6　5kW 光伏离网系统原理图

3.8.3　12kW 光伏离网系统方案

（1）客户的用电需求。照明 300W 每天工作 18h，冰箱 50W 每天工作 24h，2 台 3 匹空调每天工作 20h，电视机 50W 每天工作 6h，1.5kW 水泵每天工作 1h。还有台式电脑、电风扇等家电，客户安装地点在广西桂林，是一个小型商店，白天用电量较多。

（2）需求分析。负荷总功率约为 8kW，其中感性负荷为 5kW，调用客户的电费清单显示，夏天用电量较多，约为 40kWh，冬天约为 20kWh。

（3）系统设计。考虑到用户多数是感性负荷，逆变器选用工频隔离控制逆变一体机，组件设计为 11kW，夏天能发 40~50kWh 电，冬天能发 20~30kWh 电，基本满足客户需求。

（4）设备选型。选用 12kW 控制逆变一体机，该逆变器支持光伏 7kW 接入，因此加一个 48V/100A 光伏控制器，组件为 33 块 340W，总功率约为 11kW。采用 12V/200Ah 蓄电池 12 块，总容量为 28.8kWh。

（5）电气方案。组件 18 块接入逆变器，3 串 6 并，15 块接入光伏控制器，3 串 5 并，蓄电池 12 块，采用 4 串 3 并的方式。12kW 光伏离网系统原理图见图 3 - 7。

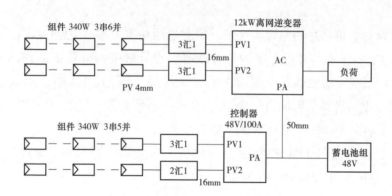

图 3 - 7　12kW 光伏离网系统原理图

3.9　中型光伏离网系统典型设计

在一些无电地区，安装光伏离网系统比采用燃油机发电更经济和环保，相对于并网系统，离网系统较为复杂，要考虑到用户的负荷、用电量、当地的天气情况。特别是负荷情况多样化，有像水泵类的感性负荷，也有像电炉类的阻性负荷，有单相的，还有三相的。对于大于 10kW 的光伏离网系统，要根据用户的负荷类型、应用场景选用不同的解决方案。

3.9.1　30kW 光伏离网系统方案

（1）客户的用电需求。安装场地为某山区小学，三相电主要负荷是照明，其中 A 相负荷 13kW，B 相负荷 7kW，C 相负荷 2kW，公共的二相负荷是 3kW 中央空调，每天用电量在 100kWh 左右，当地的峰值日照小时数据是平均每天是 4.5h。

（2）设备选型。这个系统比较特殊，有单相负荷和三相负荷两种，而且三相不平衡，系统总负荷功率是 25kW，用户表示，不会所有的负荷都同时运行，最大功率在 20kW 左右，因此设计采用 6 台 5kW 单相离网逆变器，A 相用 3 台共 15kW，B 相用 2 台共 10kW，C 相用 1 台共 5kW，构成一个 30kW 三相不平衡的光伏离网系统。30kW 光伏离网系统原理图见图 3 -8。

（3）组件容量计算。系统平均每天需要用电 100kWh，离网系统的效率约为 0.7，这样算 100/（4.5×0.7）≈32（kW），需要 32kW 左右的光伏组件，设计采用 360W 的组件 90 块，总功率为 32.4kW，每台逆变器 15 块，功率为 5.4kW，组件采用 15 串 1 并的方式接入逆变器。

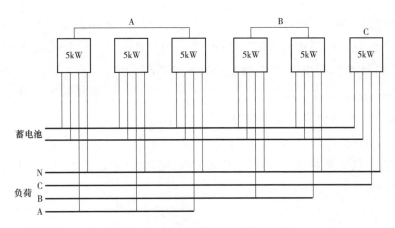

图 3-8 30kW 光伏离网系统原理图

（4）蓄电池容量计算。经了解，用户白天和晚上用电相当，因此设计采用 12V/250Ah 的铅炭电池 24 个，总容量为 72kWh，放电深度为 0.7，可用电量为 50kWh，基本满足客户需要，蓄电池采用 4 串 6 并方式，6 台逆变器的蓄电池全部共用。

相对于一台整机 30kW 的中功率离网逆变器，采用多台小功率单相并机的方式，接线和调试比较复杂，但价格比较便宜，灵活性高，万一有一两台逆变器坏了，系统还可以继续运行，是一个不错的选择。

3.9.2 50kW 光伏离网系统方案

（1）客户要求。安装场地为某景区小型宾馆，三相电主要负荷是空调和照明，其中 A 相负荷为 9kW，B 相负荷为 9kW，C 相负荷为 8kW，每个房间空调为 1kW，公共的三相负荷是 3 台 3kW 中央空调，每天用电量在 120kWh 左右。客户原有一台 50kW 的燃油发电机，现计划安装光伏离网系统。当地的峰值日照小时数据是平均每天是 4.0h。

（2）设备选型。这个系统中空调等感性负荷较多，三相比较平衡，系统总负荷功率是 35kW，考虑到所有的空调不会同时开，设计采用 50kW 工频离网逆变控制一体机和燃油发电机组成油光互补光伏离网系统。50kW 光伏离网系统方案见图 3-9。

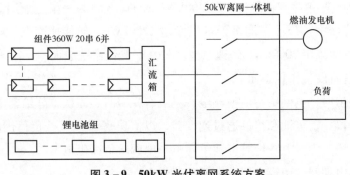

图 3-9 50kW 光伏离网系统方案

（3）组件容量计算。系统平均每天需要用电 120kWh，离网系统的效率约为 0.7，这样算 120/（4.0×0.7）≈43（kW），需要 43kW 左右的光伏组件，设计采用 360W 的组件 120 块，总功率为 43.2kW，采用 20 块串联 6 并的方式接入逆变器。

（4）蓄电池容量计算。经了解，用户晚上用电较多，平均约为 80kWh，设计采用 100kWh 的锂电池，电池额定电压为 420V，最大电流为 140A。

采用工频离网逆变控制一体机，运行可靠，接线简单，带感性负荷能力强。和燃油发电机组成油光互补光伏离网系统，在连续阴雨天的时候启动燃油发电机，可以减少蓄电池配置，降低初始投资。

3.10　大型光储系统典型设计

大型光伏储能项目常应用在新能源侧储能、大型工商业用户侧储能，主要用途有：实现对可再生能源电力的平滑输出，提升可再生能源的并网能力；移峰填谷，利用储能系统存储低谷时段电力，在高峰时释放，利用峰谷价差获利，平衡区域负荷，降低电力容量费用，提高设备利用率；提高配电侧、用户侧的供电质量与可靠性；降低用户的用电成本。

和离网系统稍有不同，在电网基本正常的地方安装大型光储系统，光伏的容量主要按用户的安装面积和预算来设计，储能逆变器的容量要稍大于重要负荷的容量，蓄电池组的容量是按用户的用电量、蓄电池的价格寿命、峰谷差价等情况综合对比而算出来的。

3.10.1　300kW 光储系统

（1）客户的用电要求。江苏某工业厂房需要加一条产线，电力容量由 315kVA 增加到 500kVA，每天用电量由 2000kWh 增加到 3500kWh。该公司峰值电价为 1.1 元/kWh，低谷电价为 0.3 元/kWh，峰谷差价为 0.8 元/kWh，夏天用电高峰期会拉闸限电，该厂家屋顶可供安装光伏面积为 4000m²，客户希望安装光伏降低电费。

（2）系统设计。根据客户的要求和用电情况，设计一套 300kW 光伏离并网储能系统。组件选用 600 块 500W 单晶双面组件，共 300kW，组件 15 块为一串，采用 2 台 20 进 1 出的汇流箱，接入逆变器中，预计平均每天可以发电 1200kWh，储能逆变器 300kW 控制逆变并离网一体机，蓄电池采用 2000kWh 的锂电池。300kW 光储系统原理图见图 3 - 10。

储能逆变器各阶段工作状态如下：

1）在电价谷值时，电网给蓄电池充电；早上有光照时，光伏方阵给蓄电池组充电。

2）在电价峰段，蓄电池和组件通过逆变器，以恒功率 300kW 给负荷供电。

3）在电价平段，光伏方阵给蓄电池组充电，电网给负荷供电。

4）在电网停电期间，由逆变器给重要负荷供电。

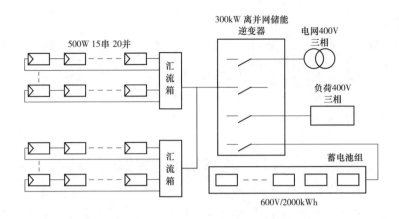

图 3 - 10 300kW 光储系统原理图

3.10.2 1MW 光储系统方案

（1）客户的用电要求。浙江省某工业厂房，负荷为 2MW，平均每天用电量在 1.2 万 kWh 左右，可供安装光伏面积为 2 万 m²，客户要求降低电费，光伏发电尽量在电费高峰期放出，同时有一台 600kW 的设备，要求在停电时至少提供 2h 备用。

（2）系统设计。根据客户厂房条件的要求和浙江的电价分时情况，设计一套光储系统。组件选用 3000 块 500W 单晶组件，共 1.5MW，预计平均每天可以发电 6000kWh，基本满足白天客户用电量需求，选用 1.5MW 集中式并网逆变器，连接光伏组件，1.0MW 双向储能变流器和 600V/2000kWh 的锂电池构成交流耦合储能系统。1MW 光储系统原理图见图 3 - 11。

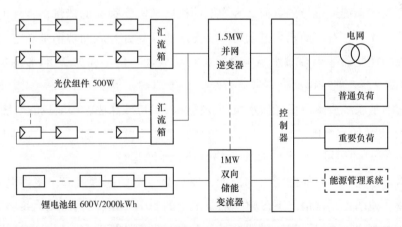

图 3 - 11 1MW 光储系统原理图

储能逆变器各阶段工作状态如下：

1）在电价谷值时，电网给蓄电池充电；早上有光照时，光伏方阵给蓄电池组充电，直到电价峰段为止。

2）在电价高峰段和尖峰段，通过逆变器和双向储能变流器组合，以恒功率800kW给负荷供电。

3）在电价平段，光伏方阵给蓄电池组充电，电网给负荷供电。

4）在电网停电期间，由逆变器给重要负荷供电。

3.11　光伏扬水逆变器

光伏扬水逆变器（solar pumping inverter，SPI），对光伏扬水系统（太阳能水泵系统）的运行实施控制和调节，将光伏阵列发出的直流电转化成交流电，驱动水泵，并根据日照强度的变化实时调节输出频率，实现最大功率点跟踪（MPPT）。光伏扬水系统也是一种带储能的系统，不同于常见的电池蓄能，光伏扬水系统是一种抽水蓄能系统。

光伏水泵逆变器是逆变器诸多分类的一种，和我们常见的并网逆变器主要功能是一样的，都是把光伏电流电转化为交流电。但对水泵逆变器又做了很多改进措施，为系统节省了大量的成本，给光伏在应用拓展了范围。

光伏水泵逆变器是离网逆变器，不依赖于电网而工作，可以独立带负荷工作，而常规的离网逆变器需要配置蓄电池才能工作，铅酸电池价格贵，成本占系统的30%左右，寿命短，只有3~5年，影响系统的投资收益。光伏扬水系统不用配置蓄电池，有阳光就工作，在高处建一个水塔，需要用水时从水塔取水就可以了，逆变器本身也会配水位开关，非常方便实用，其功能就相当于离网系统中的蓄电池，但水塔的成本要比蓄电池低很多。

电动机是离网系统最难带的负荷，因为电动机启动需要很大的能量，常规电动机启动功率是额定功率的3倍左右，而水泵电动机需要把水抽到高处，启动功率是额定功率的5倍左右，常规的离网逆变器如果要带水泵电动机，需要放大5倍，如2kW的水泵电动机，需要10kW的离网逆变器才能带得动，正常运行时，直流端输入也要大于2kW，电动机才能持续运行。这就增加了系统成本，而光伏水泵逆变器加入了特殊算法，一般只能增加20%的功率就可以了，如4kW的水泵电动机，用5kW扬水逆变器就可以启动。运行过程中，光伏输入功率也不需要4kW才能持续运行，1kW左右也能让水泵运行。

之所以水泵逆变器能有如此强大的功能，要从交流电的原理谈起，交流电有三个元素，即电压、电流和频率，正常情况下，频率都是不变的50Hz，电动机启动，每秒转50次，功率随电流电压而变化，所以我们一般都是用电压和电流来计算功率。但是电动机不一样，其功率和频率有关系，正常额定功率是在频率为50Hz下的功率，当频率下降时，功率也会下降。电动机的额定功率等于额定转矩乘以额定转速，只要额定转矩不变，电动机就能运行。这样频率、电压下降时，额定功率与转速或频率成正比下降。水泵逆变器在逆变器里面加入了变频器功能，可以改变交流电输出的频率，在启动的时候，把频率降低，以速度换功率，电动机启动后，再提升频率，增加转速。频率还可以随光照而变化，即使 1kW 的光伏输入，也可以带动 4kW 的水泵运行。

水泵逆变器的功能既然如此强大，那么能不能拓展它们应用范围呢？答案是否定的，由于水泵逆变器的输出电压、电流、相位、频率都在随着光照而变化，很多场合都不能使用。

（1）受到技术限制，水泵逆变器尚不能多台并联使用，必须是一台逆变器配一台电动机，因此最大功率会受到限制；目前还没有支持储能的水泵逆变器，直流耦合在一些冬天低温地区，外面的水塔会结冰，光伏扬水系统也会受到限制。水泵逆变器也不能并到电网，因为电网要求频率和电压同步。

（2）水泵逆变器能带的负荷有限，目前除了水泵电动机外，凡是功率稳定、对电压和频率有要求的负荷均不能带，如水泵逆变器不能直接带电灯、冰箱、电脑、洗衣机，甚至变频空调也不能带，只能带纯电阻性负荷热水器。

4 光储投资性分析和对比

我国已宣布 2030 年前实现碳达峰，2060 年实现碳中和，2030 年非化石能源消费比重将达到 25%。为确保完成这一政策目标，绿色能源成为主体电源，2030 年风电光伏装机规模超过国家承诺的 12 亿 kW 下限已是共识。这意味着，高比例新能源应用已经成为我国电能输送、配用、消纳的主要场景，而储能是实现并保障高比例电力系统安全、稳定、可靠和高效的强力支撑。从应对气候挑战的战略层面看，储能是支撑"双碳"目标的关键技术，它不仅是实现并保障高比例新能源在电力系统的应用，而且对整个电力系统能量平衡和功率平衡，进而提高系统效率、降低用电成本具有"革命性"的贡献。

4.1 光伏、储能、光储投资性分析和对比

光伏和风力发电可以直接减排，是实现碳达峰和碳中和的主力军，而安装储能可以提高光伏和风电在电网中的比例，减少弃风弃光比例，可以间接减排，目前光伏系统和储能系统成本较低，而且还在持续下降中，投资光伏既有利可图，又可以响应国家号召，为环保做一份贡献。本节分析光伏、光储及用户侧储能三个项目的特点和投资经济性对比。

以深圳某公司为例，该地区高峰时段电价为 1.0249 元/kWh（9：00～11：30、14：00～16：30、19：00～21：00），平时段电价为 0.6724 元/kWh（7：00～9：00、11：30～14：00、16：30～19：00、21：00～23：00），低谷时段电价为 0.2284 元/kWh（23：00～次日 7：00），该工厂平均负荷功率为 800kVA，工厂是 8：00 开工，18：00 收工。一年工作时间为 280 天左右。以下模式设定为厂房业主有闲余资金自投，光伏发电或者储能用于抵消电费开支，没有计算资金的货款成本，以及税金和租金等各种开支。

4.1.1 光伏并网发电投资分析

在光伏并网系统中，负荷优先使用光伏，当负荷用不完时，多余的电送入电网，当光伏电量不足时，电网和光伏可以同时给负荷供电，光伏发电依赖于电网和阳光，当电网断电时，逆变器就会启动孤岛保护功能，太阳能不能发电，负荷也不能工作。系统输出功率和光

照同步，和电网峰平谷电价没有关系。

根据该公司屋顶可装光伏及其面积、负荷用电功率和用电情况，安装一个500kW的光伏电站，开工期间光伏用电可以全部自用，正常工作日8:00之前和18:00之后和休息日余量上网，以脱硫电价0.453元/kWh卖给电网公司，经过综合计算，自发自用比例为80%，余电上网比例为20%。

按照2021年的光伏电站安装行情，整个系统初装费用为240万元。500kW光伏电站在深圳地区，平均每年发电50万kWh，峰段占比最大，约24万kWh，按1.025元/kWh价格算，每年收益约24.6万元；平段约16万kWh，按0.6724元/kWh价格算，每年收益为10.8万元；余量上网比例为20%（10万kWh），以脱硫电价0.453元/kWh卖给电网公司，总收入为4.5万元，加起来约40万元，大约6年收回投资。

4.1.2 光储系统投资分析

相对于并网发电系统，光储系统增加了充放电控制器和蓄电池，系统成本增加了30%左右，但是应用范围更广。光储系统的优点有以下三种：一是可以设定在电价峰值时以额定功率输出，减少电费开支；二是可以电价谷段充电，峰段放电，利用峰谷差价赚钱；三是当电网停电时，光储系统作为备用电源继续工作，逆变器可以切换为离网工作模式，光伏和蓄电池可以通过逆变器给负荷供电。

这个500kW光伏并网项目，在光伏电站增加一个储能系统，设计一套250kW储能系统，配备一台250kW的双向储能变流器，1000kWh储能锂电池，整个光储系统初装费用为420万元，光伏平均每年发电50万kWh，由于安装了储能，可以调节光伏电量输出时间，计划安排30万kWh在电价峰值时功率输出，每年收益约30.8万元。10万kWh为平段时间输出，每年收益为6.7万元，20%节假日以脱硫电价0.453元/kWh卖给电网公司，总收入为4.5万元，利用峰谷0.8元/kWh的价差，每天充电800kWh，充放电效率计0.85，在高峰期放640kWh，一年约14.2万元。电网停电会给工厂带来较大的损失，停电一小时，可能损失几千到几万元，加装了储能系统，还可以作为备用电源使用，估计每年可以减少4.5万元停电损失，每年收益60.7万元，大约6.9年收回投资。

这个500kW光伏并网项目，根据负荷平均功率和光伏峰值功率的容量差距，再进行改进，光伏减少为400kW，储能改为250kW/1250kWh，整个光储系统初装费用为390万元，光伏和储能所有的电全部改为在电价高峰值放出，周末光伏的电除了自用之外也储能起来，只有长假期间才送到电网，光伏平均每年发电40多万kWh，有350天可以全部在电价高峰值放出，大约38万多kWh，每年收益约39万元。2万kWh电量以脱硫电价0.453元/kWh卖给电网公司，总收入为0.9万元，利用峰谷0.8元/kWh的价差，每天充电1250kWh，充放电效率计0.85，在高峰期放电1060kWh，一年收益约22.5万元。夏天停电时，光储可以为工厂持续供电3~4h，大大增加用电的可靠性，加上储能还可以改善功率因数，减少变压器扩容费用，估计一年能增加6.5万元收益，每年收益68.9万元，大约5.7年收回投资。

4.1.3 用户侧储能系统投资分析

该系统主要设备是双向储能逆变器和蓄电池，电价谷时充电，电价峰时发电，电网停电时，作为后备电源使用。还是对于该500kW光伏并网项目，相关人员设计一台500kW的PCS、2000kWh蓄电池，整个系统初装费用为180万元。

利用峰谷价差充放电，效率计0.8，设计高峰期放1600kWh电，总的价差约1180元，一年按280天计算约33万元；电网停电会给工厂带来较大的损失，停电1h，可能损失几千到几万元，加装了储能系统，还可以作为备用电源使用，估计每年可以减少5万元左右的停电损失，这样全部加起来约38万元，大约4.7年可以收回投资。光伏、储能、光储综合对比见表4-1。

表4-1　　光伏、储能、光储综合对比

对比项目	主要设备	总投资（万元）	年收益（万元）	成本回收期（年）	寿命（年）
光伏并网发电余量上网	500kW组件，逆变器	240	40	6	25
光伏并网发电防逆流	500kW组件，逆变器	240	35.5	6.8	25
光储系统1	500kW光伏，250kW/1000kWh储能	420	60.7	6.9	25 / 10
光储系统2	400kW光伏，250kW/1250kWh储能	390	68.9	5.7	25 / 10
储能系统	500kW/2000kWh	180	38	4.7	10

从表4-1可以看出，三个方案投资收益有差别，峰谷价差达0.8元/kWh的储能系统成本回收期最短，防逆流的并网和光储系统1回收期稍长，但储能系统寿命短；从全生命周期上看，光伏系统加上储能，并扩展储能系统的应用范围，投资收益最好，最具有发展前景。

4.2　光储系统合理控制成本

光伏系统的成本目前基本比较透明，因为组件、逆变器、支架、电缆等材料和设备都可以直接算出来，再加上前期费用、安装费用、后期运维费用及适当的利润，如果项目简单一点，把项目情况沟通清楚后，几个小时就能把成本算出来。但光储系统就没有这么简单了，这是因为增加了蓄电池和控制器，成本上升了30%以上，如果不根据客户的实际要求仔细设计，很可能造成亏本或者达不到投资方的要求。

4.2.1　了解客户的诉求

首先，需要与客户确认这个项目是并网的、离网的还是并离网的。相对于并网，并离网的、并网的加上蓄电池后，储能范围比较广，不同的应用范围，价格也相差很大。如果客户自己也不清楚应该安装什么形式的，这时候就可以和投资方仔细详谈，安装的地方有没有电网、电网是否稳定、电价是多少，再根据实际情况，向投资方推荐最合适的方案。

如果当地没有电网，或者经常停电，又或者电网电压极不稳定，毫无疑问要选离网系统。但离网系统的不同设计方案价格也相差很大，只有进一步弄清楚当地的天气情况、负荷总功率、负荷类型、用电情况，包括白天用电度数、晚上用电度数，根据客户的用电情况和当地的天气条件去设计，才能基本满足客户的需求。具体的方法是：根据负荷去选择逆变器，逆变器的功率要稍大于负荷的启动功率；根据客户每天的用电量去设计组件的容量；根据客户需要的待机时间，确定蓄电池的容量。

4.2.2　选择储能类型

纯离网系统怎么设计，要看客户的经济情况，没有哪一种方案是最好的。

对于小型离网系统，主要用户是贫困无电地区，如偏远山区、非洲某些贫困国家，主要是解决照明的需求，用户对价格很敏感，因此建议采用 PWM 控制器、修正波逆变器、铅酸电池，把控制器、逆变器和蓄电池做成一体。这种方式结构简单，效率高，用户接线方便，价格便宜，带动灯泡、小电视、小风扇也没有问题。这样的系统造价在 4 ~ 6 元/W，也可以满足客户的基本用电需求。

对于 2 ~ 10kW 的离网系统，建议采用 MPPT 控制器、纯正弦波逆变器，组件利用率高，还可以带空调、冰箱等大负荷，提高生活质量，整机效率高，组件配置也比较灵活。受到天气条件限制，离网系统不能 100% 满足用电需求，一般都要按 90% 的用电需求来设计，这样不用考虑阴雨天，蓄电池可以少配一点，这样的系统造价在 6 ~ 8 元/W。如果客户要求比较高，希望 95% 的用电需求情况下都有电用，这样要考虑 1 ~ 2 个阴雨天，蓄电池的容量要提高一两倍，这样的系统造价在 8 ~ 10 元/W；如果是客户资金比较充足，希望 98% 的用电需求情况下都有电用，这样要考虑 3 ~ 4 个阴雨天，蓄电池的容量要提高 3 ~ 4 倍，还可以用锂电池，组件功率也要提高 30% 左右，逆变器可以考虑用更可靠的工频逆变器，这样的系统造价在 10 ~ 12 元/W。

如果当地有比较稳定的电网，而客户要装储能，就可能有以下几种情况：峰谷电价差别较大但设备用电和光伏发电不同步；光伏发电有时候比负荷用电多但不能上网。这时候就可以选择安装并网储能。如果安装地还经常停电，投资方希望电网停电时光伏系统还可以继续工作，就可以安装并离网储能系统。

4.2.3　考虑投资收益

相对于纯离网系统，并网储能系统投资要低一些，但同时也要精打细算。如果是新装系统，可以选择直流耦合的光储一体机；如果之前已经安装了光伏，打算再装一套储能系统，建议选择交流耦合的储能变流器，减少前期投资。加装储能之后，因为要增加蓄电池充放电设备，电量成本要增加 0.4 元/kWh 左右，所以峰谷价差超过 0.4 元，加装储能用于补贴峰谷价差才有意义。另外，储能和光伏不一定要 1∶1 配置，储能需要安装多少，要计算光伏系统在电价低的发电量，如一个 100kW 系统，当地 12∶00～13∶30 电价较低，这个时段需要把电储存起来，需要配置 100kW/150kWh 的储能系统。

如果是防逆流的储能系统，储能系统电量成本要增加 0.4 元/kWh 左右，因此用电价格要大于 0.4 元/kWh 才有意义，储能需要安装多少，要计算光伏系统在自发自用之外的发电量，如计算光伏发电期间自用比例是 80%，100kW 光伏系统平均每天发电 400kWh，最高峰时发电 600kWh，20% 用不完，有 80～120kWh，建议配 100kWh 左右储能系统，到光照低时再放出来，这样的投资不高，但绝大部分时间光伏发电都不会浪费。

从客户的利益出发，尽量满足客户的需求，帮助客户认清需求，能为客户解决问题，不留后患，这样客户才能觉得投资物有所值。

4.3　户用储能投资分析

户用储能有两种：一种是离网储能，是刚性需求，用于没有电网的地区，以满足人民的基本生活为主；还有一种是并网储能，是近年来发展较快的投资方式，主要应用在电价较高、峰谷价差较大的发达国家和地区，如欧美国家和澳大利亚。澳大利亚在 2018 年推出户用光伏加储能的补贴计划，加上澳大利亚户用电价高，因此户用储能安装量很高。2015～2020 年，澳大利亚户用储能系统安装数量超过 8 万套。

峰谷电价是按高峰用电和低谷用电分别计算电费的一种电价制度。高峰用电一般指用电单位较集中、供电紧张时的用电，如在白天，收费标准较高；低谷用电一般指用电单位较少、供电较充足时的用电，如在夜间，收费标准较低。实行峰谷电价有利于促使用电单位错开用电时间，充分利用设备和能源。阶梯电价是指把户均用电量设置为若干个阶梯分段或分档次定价再计算费用，用电量越大，电价越高。对居民用电实行阶梯式递增电价可以提高能源效率，通过分段电量可以实现细分市场的差别定价，提高用电效率。

目前户用光伏储能有两种方案：一是直流耦合方案，光伏组件发出来的直流电先经过控制器，储存到蓄电池中，再经过逆变器转化为交流电，提供给负荷使用，这种方案接线简单，成本较低；二是交流耦合方案，光伏组件发出来的直流电经逆变器转化为交流电，供负荷使用，如果负荷用不完，通过双向储能变流器储存到蓄电池中，当光伏功率不够时，再通过双向储能变流器释放出来给负荷使用，这种方案效率高，设计灵活。

4.3.1　项目前期调研

户用储能和常规的并网发电不一样，增加了储能电池及充放电控制，成本上升了近30%，因此需要前期了解客户的需求，再制订方案。首先要询问客户的电费清单，了解客户的电费，每个月的用电情况，用电价格，有没有采用峰谷电价和阶梯电价，白天和晚上的用电情况，光伏发电能不能上网卖电，有没有储能补贴，客户可装光伏的面积等。一般来说，电价超过 0.7 元/kWh，峰谷价差超过 0.5 元/kWh，储能有超过 1000 元/kWh 的补贴，都可以投资光伏储能。如果光伏发电和负荷用电基本同步，即用户白天用电多，或者用户已经安装了光伏，建议采用交流耦合方案；如果用户白天用电很少，晚上用电多，光伏发电和负荷用电不太同步，建议采用直流耦合方案。

4.3.2　户用 20kWh 储能方案

（1）案例情况。中国广东某城市用户，月消耗电量约 1200kWh，白天高峰期用电量约 800kWh，晚上约 400kWh。该地采用峰谷电价和阶梯电价政策，峰值电价为 1.1 元/kWh，第一档电量为每户每月 0~260kWh 的用电量，第二档电量为每户每月 261~600kWh 的用电量，其电价每度加价 0.05 元；第三档电量为每户每月 601kWh 及以上的用电量，其电价每度加价 0.30 元。用户每个月电费约 1300 元。

（2）方案设计。根据用户的情况，我们设计一个光伏储能交流耦合方案，设计采用 360W 组件 30 块共 10.8kW 组件、10kW 并网逆变器，平均每个月能发 1100kWh 电，基本满足客户用电需求，5kW 储能逆变器、20kWh 储能电池，用于晚上支持负荷用电。户用 20kWh 储能方案原理图见图 4-1。

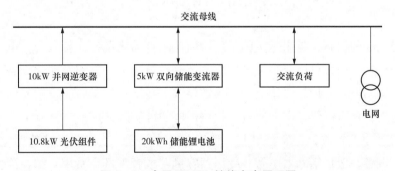

图 4-1　户用 20kWh 储能方案原理图

（3）投资分析。10kW 光伏系统投资约 3.5 万元，5kW/20kWh 的储能投资约 4 万元，总投资 7.5 万元，光伏可以基本满足用电需求。加上储能后用电更有保障，即使电网停电也可以用电，每个月可以为用户节省电费1200元，每年电费1.44万元，因此5.2年可以收回成本。光伏组件的寿命为25年，储能电池的寿命是10年，因此系统具有投资价值。

4.3.3　户用10kWh储能方案

（1）案例情况。澳大利亚南部某家庭，每月消耗电能约750kWh，当地的电价是0.4澳元/kWh，安装储能有补贴，5kWh电量补贴3600澳元，10kWh电量补贴7200澳元。

（2）方案设计。我们设计一个6kW的光储系统，组件采用20块单晶300W，储能逆变器采用6kW光储一体机，蓄电池采用10kWh锂电池。户用10kWh储能方案原理见图4-2。

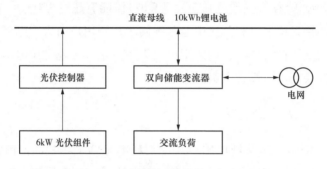

图4-2　户用10kWh储能方案原理图

（3）投资分析。6kW的光储系统在当地安装成本约20000澳元，取得补贴后约12800澳元，在当地平均每月能发电700kWh，每年可以节省电费3360澳元，因此3.6年就可以收加成本。从投资收益上看，户用光储系统也有发展前景，而且安装光储系统，用电有保障，不用担心停电了。随着技术的进步，储能成本会越来越低，功能也会越来越多，投资收益会越来越高。

4.4　工商业用户侧光伏储能投资分析

随着人力成本的提高，越来越多的工厂倾向使用自动化设备代替人力，电气自动化不仅可以降低人力成本，而且可以提高生产效率和产品质量，但大量的自动化设备，在节约人力成本的同时，使用电量增加，对用电的可靠性要求也在增加。工商业安装光储系统，既可以为用户节省电费，还可以优化电网质量，提供用电的可靠性，具有投资价值。

（1）工商业电费构成。工商业用电一般分为三种，普通工商业及其他用电、大量用电、高需求用电，电费一般包括基本电费和变压器容量（或者需量）费用。如在深圳，普通工商业及其他用电在100kVA以下，不需要单独配变压器，峰值电价约1.1元/kWh；大量用电功率在101～3000kVA，需要单独配变压器，每个月每台变压器需要缴纳容量费用为24元/kVA，峰值电价约1.0元/kWh；高需求用电功率在3001kVA以上，按最大需量计算，每个月每台变压器需要缴纳容量费用为 44 元/kVA, 峰值电价约 0.9 元/kWh。安装光储系统, 可以从两方面节省电费, 一是降低电价高峰时期的电费, 二是降低变压器容量 (或者需量) 费用。

(2) 方案设计。深圳某工厂原变压器是 315kVA, 每天用电量约 2000kWh, 因扩大生产, 设备增加到 500kW, 每天用电量约 4000kWh, 按正常需要再增加一台 315kVA 变压器, 设计一个 500kW/1000kWh 的光储系统, 采用交流耦合的方式, 600kW 光伏组件、500kW 并网逆变器、500kW 双向储能变流器和 1000kWh 锂电池, 由于光伏发电和负荷用电基本同步, 因此系统效率很高, 储能电池的充放电次数也少, 寿命可以较长。光伏每天可以发电约 2000kWh, 降低高峰期间电费支出, 替代一台 315V 变压器, 减少变压器容量费用。

(3) 投资收益分析。先计算成本, 在深圳工商业光伏的造价约 4.0 元/W, 光伏并网部分约 240 万元, 储能系统 500kW/1000kWh 价格约 180 万元, 控制柜等其他部分约 30 万元, 初始投入约 450 万元。再计算收益, 假定工厂每年工作日 280 天, 光伏每天发电 2000kWh, 都用于高峰期放出, 按峰值 1.0 元/kWh 价格算, 每年收益为 56 万元。节省一台 315kVA 的变压器, 每年可以节省 9.1 万元。节假日如果没有生产, 光伏发电以 0.45 元/kWh 的价格卖给电网公司, 每年约 5.4 万元, 这样算起来每年收益 70.5 万元, 约 6.4 年收回初始投资。光伏系统的寿命是 25 年, 储能电池的寿命是 10 年, 后面可以更换新的电池。在光储系统的生命期内, 总收益会超过总投资的 3 倍以上。

该模式设定为厂房业主有闲余资金自己投资, 因为储能系统用于抵消电费开支, 所以不计算资金的货款成本以及税金、租金等各种开支。

随着储能技术的发展, 以后的蓄电池成本将会大幅降低, 投资收益会更高。储能系统除了降低电费外, 在电网停电时, 还可以组成一个离网系统, 为负荷提供应急电源, 使客户用电更为可靠。

4.5 光伏防逆流储能项目投资分析

随着光伏电站容量的增加, 很多地方由于消纳的原因, 新装光伏不允许送到电网, 就是说, 当光伏功率大于负荷功率时, 多的部分只能浪费, 这样就会减少电站的收益, 如果时间较长, 浪费的功率较大, 就可能没有投资价值, 这时候就可以考虑加装防逆流储能装置, 既可以减少防逆流的电量损失, 又可以给负荷做后备电源使用, 比单纯的并网防逆流系统更经济。

光伏储能防逆流装置, 就是在并网点安装电流传感器, 当检测到有电流流向电网时, 光伏输出功率不变, 启动双向储能变流器, 把多出的电能储存在蓄电池中, 等光伏功率下降或者负荷功率增大时再放出来。从成本上看, 安装一套防逆流系统, 要增加储能设备, 包括储能变流器和蓄电池, 价格约为 2000 元, 1kWh 的价格约 0.5 元, 成本还是比较高, 因此在设计储能系统时，要注意以下三点：一是要跟踪光伏的发电曲线及负荷的用电曲线，计算储能的配置；二是选择储能的技术方案，从成本上看，交流耦合设计灵活，更适合防逆流储能；三是要选择好防逆流检测点安装电流传感器，如果选择不当，可能造成电量大量浪费。

在 30kW 以下的小系统，如果光伏自用比例在 80% 以上，超出的电量不是很多，每天总的电量在 15kWh 以下，或者每天电费在 15 元以下；电价低于 0.5 元/kWh 的地方，接近安装储能的度电成本，建议配置防逆流装置，成本低，安全可靠；如果光伏超过的容量大于 20%，或者光伏超过的功率大于 30kW，每天的电量超过 100kWh，建议电价高于 0.5 元/kWh 的地方配置储能。

4.5.1　防逆流案例分析 1

江苏某地工业厂房，光伏可安装容量为 1000kW，该地方不具备上网条件，这个厂房综合电价为 0.8 元/kWh，周一到周六上班，负荷大部分时间大于 1500kW，中午 12：00 ～ 13：00，负荷功率约降到 600kW。周日放假，大部分设备停止运行，负荷功率约为 400kW。经分析，平时周一到周六如果光照很好，安装防逆流，每天最多可能浪费电量 400kWh，折算成电费大约每天 320 元，一年大约 280 个工作日，总计约 8.96 万元。如果投入一套储能设备，平时全部利用所需要的储能配置为 400kW/500kWh，成本约为 110 万元，投资回收期超过 12 年，投资不划算，因此这种情况就不建议安装储能，只安装防逆流就可以了。

4.5.2　防逆流案例分析 2

江苏某地工业厂房，光伏容量为 500kW，该地方不具备上网条件，这个厂房高峰电价为 1.05 元/kWh，平段电价为 0.6 元/kWh，周一到周六上班，负荷大部分时间大于 800kW，中午 12：00 ～ 14：00 负荷功率小于 250kW。周日放假，大部分设备停止运行，负荷功率约为 100kW。经分析，平时周一到周五如果光照很好，如果安装防逆流，每天最多可能浪费 400kWh 以上的电量。如果投入一套储能设备，所需要的储能配置为 250kW/500kWh，成本约为 100 万元，防逆流储存的电量安排在下午电价高峰期释放，这样每年可节省电价 17.5 万元，投资回收期约 5.7 年，因此这种情况建议安装储能。安装储能之后，如果遇到停电，还可以作为紧急电源使用。

4.5.3　防逆流检测点的选取

对于防逆流检测点，从理论上讲，只有安装在用户侧上网电能表的旁边，中间没有负荷，这样才能 100% 检测有没有电流流向电网。但是由于工厂条件不一，下面这些地方安装电能表就不是很方便：

（1）计量电能表在变压器高压侧，有的工业区面积较大、用电较多，产权分界点在变压器的高压侧。

（2）光伏容量较少，但工业区整体用电量大，并网点容量很大，需要用很大的电流传感器或者电能表。

（3）逆变器和并网点距离很远，铺设电缆不方便。

防逆流检测点的位置示意图见图4-3。

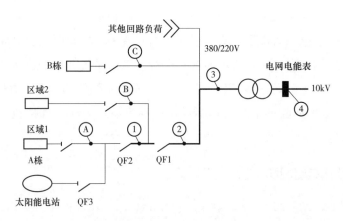

图4-3 防逆流检测点的位置示意图

图4-3所示的是一个工业厂区，该工业区有多栋楼，每栋楼也有多层，工业区的计量电能表安装在变压器的10kV的高压侧图4-3中4处，在A栋屋顶安排一个100kW的电站，供电局要求不能送到电网，只能自用，按照正常的流程，防逆流检测点也应该安装在高压侧图4-3中4处，但是如果出现以下几种情况，防逆流检测就可以灵活变动。

（1）如果A栋区域1功率绝大部分时间（超过80%）都大于100kW，并且电站投资方可以接受少量的电费损失，防逆流检测点可以安装在图4-3中1处，即A栋区域1的交流开关处，这样逆变器和检测点距离最短。

（2）如果A栋区域1功率小于100kW时间较长，但是A栋别的区域可以消耗，防逆流检测点安装在图4-3中2处也是可以的。

（3）如果A栋负荷绝大部分时间都小于100kW，但工业区别的厂房可以消耗，而且电站投资方愿意把用不完的电无偿给别的厂房使用，防逆流检测点可以安装在图4-3中3处，即变压器低电侧处。

（4）防逆流检测点安装在太阳能电站至并网点这一条主线路上，不能安装在其他位置，如果安装在图4-3中的A处、B处、C处等地方，光伏上网的电流是检测不到的，会让防逆流失效。

综上所述，对于不同上网卖电的光伏项目，有安装防逆流装置和储能装置两种方式。防逆流装置投资较低，适合于电价较低、防逆流比例不高的地方；储能装置投资较高，适合于电价较高、峰谷价差较大、防逆流比例较高的地方。

4.6 光储系统设计收益最大化

工商业电价高，在工商业厂区屋顶上安装光伏，从理论上讲投资收益高，但是，由于光伏发电和负荷用电存在三个不同步：一是光伏发电功率和负荷用电功率不同步；二是光伏发电时间和负荷用电时间不同步；三是光伏发电和电价峰值不同步。如果没有设计好储能系统，有可能造成光伏发电以脱硫电价卖给电网公司，或者在电价低时就让负荷使用，电价高峰时用户还需要从电网买电，用户也不能节省电费，光储系统的价值会大打折扣。某公司项目位于江苏扬州地区，该公司计划安装一套100kW 光伏 + 储能的项目，具体的要求为：总投资不超过 60 万元，成本回收期不超过 6 年且让投资收益最大化。如果投资收益高，方案可行，就准备马上实施。

4.6.1 项目基本情况和电价

项目为一个工业厂房，早上 8：00 开工，17：00 收工，中午 12：00 到 13：00 休息，开工期间功率没有大的波动，功率约在 120kW，休息时间还有部分负荷，功率约为 40kW，一天的用电量在 1500kWh 左右，一年工作时间为 280 天左右，其余 85 天是节假日，一般不安排生产。该地区电网不太稳定，每年停电约为 10 次，工厂有一个设备，功率为 50kW，每次工作时间为 1h，中间不允许停电，否则产品全部报废，每一炉产品价值 2000 元。燃煤脱硫电价是 0.391 元/kWh，太阳均年利用小时约为 1050h。江苏省普通工业用电的峰谷电价见表 4 - 2。

表 4 - 2 江苏省普通工业用电的峰谷电价

类别	高峰 8：00 ~ 12：00，17：00 ~ 21：00 （元/kWh）	平段 12：00 ~ 17：00，21：00 ~ 24：00 （元/kWh）	低谷 0：00 ~ 8：00 （元/kWh）
普通工业用电 （不满 1kV）	1.1757	0.7054	0.3351

4.6.2 不同方案对比

对于并网系统，光伏发电只能即发即用，没有选择余地，加了储能蓄电池之后，系统就有了很大的灵活性，能量的流动可以随时间转换，有多种方案选择，充电时间、放电时间、充电功率、放电功率都可以定制。对于本部分所述的项目，光伏组件选用 340 块 300W 单晶组件，共 102kW，预计平均每天可以发电 320kWh，按照 2021 年的行情，组件、支架、电缆、直流汇流箱加起来约 25 万元。但储能系统采用不同的方案，产生的价值就有很大的区别。

1. 负荷优先，防逆流方案

（1）储能系统工作状态。采用防逆流方案，光伏发电优先给负荷使用，负荷用不完储存到蓄电池里面，如果光伏功率低于负荷功率，蓄电池放电，光伏和蓄电池可同时向负荷供电。若蓄电池已经充满，光伏功率还大于负荷功率，则降低光伏功率输出。

（2）系统设备。根据方案，系统采用100kW控制和双向储能一体机，蓄电池容量采用300kWh，设备成本共36万元。

（3）总结。该方案程序简单可行，但成本较高，在正常工作日期间，光伏基本都可以利用，但节假日不生产时，浪费了部分光伏，总的收益率较低，要7～8年才能收回成本。

2. 经济模式，自发自用余电上网

（1）储能系统工作状态。电价低时，蓄电池不放电，电网不对电池充电；电价高时电网不对电池充电，蓄电池放电。光伏发电优先给负荷使用，负荷用不完储存到蓄电池里面，如果光伏功率低于负荷功率，蓄电池放电，光伏和蓄电池可同时向负荷供电。若蓄电池已经充满，光伏功率还大于负荷功率，则余电上网。

（2）系统设备。根据方案，系统采用100kW控制和双向储能一体机，蓄电池容量采用200kWh，设备成本共20万元。

（3）总结。该方案程序稍复杂，但成本比较低，光伏也没有浪费，但在电价高峰段放电比较少，总的收益率也不高，要6～7年才能收回成本。

3. 精算模式，工作期间防逆流，节假日上网

（1）储能系统工作状态。工作日采用防逆流方案，光伏发电优先给负荷使用，负荷用不完储存到蓄电池里面，如果光伏功率低于负荷功率，蓄电池放电，光伏和蓄电池可同时向负荷供电。当检测到有电网存在时，蓄电池放电深度设计为0.6，当蓄电池低于这个值的电压时，就不再对外放电，保存一部分电量做后备使用。当检测到没有电网时，储能系统进入离网状态，蓄电池放电深度设计为0.85，大约还有60kWh电量可以使用。节假日采用自发自用余量上网的方式，蓄电池保持充满电状态。

（2）系统设备。根据方案，系统采用100kW控制和双向储能一体机，蓄电池容量采用250kWh，设备成本共29万元。

（3）总结。该方案程序很复杂，成本适中，可设计在电价高峰段放电，光伏也没有浪费，还可以作为备用紧急电源使用，总的收益率最高，4～5年就可以收回成本。

4.7 河南光伏储能投资经济性分析

2018年7月30号，河南电网100MW电池储能示范工程第二批设备类采购项目中标结果公示，在行业引起了较大的反响：一是规模大，总量达 100MW；二是价格低，2018 年 6 月在江苏投标的储能项目，锂电池的安装 EPC（工程总承包）价格在 3000 元/kWh 以上，而 2018 年 7 月河南省锂电池的安装 EPC 价格有的降到 2000 元/kWh 以下，短短一个月时间，电降价 1000 多元/kWh，在储能行业反响极大。

4.7.1　河南 100MW 储能项目概况

河南电网 100MW 电池储能示范工程由国家电网有限公司部署、国网河南电力公司组织、平高集团有限公司投资建设，选取洛阳、信阳等 9 个地区的 16 座变电站，采用"分布式布置、模块化设计、单元化接入、集中式调控"技术方案，开展国内首个电网侧 100MW 分布式电池储能示范工程建设。

河南电网处于华中电网与华北电网、西北电网互联枢纽位置，电网峰谷差约占最高负荷的 40%，随着新能源迅速发展，电网安全运行、调峰手段和投资建设面临巨大挑战。大规模的电池储能装置可实现毫秒级响应，为电网安全运行提供快速功率支援，以及丰富电网调峰和大气污染防治手段，提高能源利用综合效益。因此，在河南电网 100MW 电池储能示范工程投入并网后，电网安全运行等问题将有望得到有效缓解。

河南电网 100MW 电池储能示范工程第一批设备类采购项目于 2018 年 6 月 8 日公示了中标结果，其中力神电池和南都电源分别中标黄龙和龙山变储能电站集装箱成套储能设备。河南电网 100MW 电池储能示范工程第一批价格见表 4 – 3。

表 4 – 3　　　　　　　河南电网 100MW 电池储能示范工程第一批价格

中标厂家	中标金额	设备	包装	容量	单价
力神电池	2024 万元	变储能	集装箱	9.6MW/MWh	2108 元/kWh
南都电源	1808 万元	变储能	集装箱	9.6MW/MWh	1883 元/kWh

这两个项目包括储能设备和集装箱、储能电池和整套设备安装，目前储能设备约 500 元/kW，安装价格约 100 元/kW，综合计算下来，锂电池价格最低约 1283 元/kWh。

2018 年 7 月 30 日，河南电网 100MW 电池储能示范工程第二批设备类采购项目中标结果公示，亿纬锂能、爱科赛博、力神电池、中天科技、万控电气等企业纷纷入围。根据项目招标公告，河南电网 100MW 电池储能示范工程第二批设备类采购招标的范围包括储能电站集装箱成套储能设备、储能电池和储能集装箱三种类型，共分为 8 个标包，其中第 1 ~ 5 标包为储能电池。河南电网 100MW 电池储能示范工程第二批金额见表 4 – 4。

第二次招标没有公布详细数据，但从多方收集到的资料上看，总容量约 70MW，这样计算下来，电的造价约 1300 元/kWh。

表 4-4　　　　　　　　河南电网 100MW 电池储能示范工程第二批金额

中标厂家	中标金额	设备	包装	数量	单价
亿维锂能	999 万元	储能电池	集装箱	4 套	
爱科赛博	950.4 万元	储能电池	集装箱	4 套	
万控电气	4480 万元	储能电池		32 套	
中天科技	1595 万元	储能电池		11 套	
力神电池	1152 万元	储能电池		8 套	
总价	9176.4 万元			70MW/MWh	1311 元/kWh

4.7.2　河南省光伏与电价分析

河南全省各地平均日照时间是 2200~3000h，属于太阳能资源三类地区，为我国太阳能资源中等类型地区，年太阳辐射总量为 5000~5850MJ/m²，相当于日辐射量 3.8~4.5kWh/m²。

河南省的峰谷电价见表 4-5。大工业用电有容量费，按变压器容量是每月 20 元/kVA，按最大需求是每月 28 元/kW，燃煤脱硫电价是 0.3779 元/kWh。

表 4-5　　　　　　　　河南省的峰谷电价

类别	高峰 8:00~12:00, 18:00~22:00 （元/kWh）	平段 12:00~18:00, 22:00~24:00 （元/kWh）	低谷 0:00~8:00 （元/kWh）
大工业用电（1~10kV）	0.94767	0.6616	0.32512
普通工业用电（不满 1kV）	1.15958	0.751	0.3926
居民用电（不满 1kV）		0.56	

从表 4-5 中可以看出，大工业用电峰谷价差是 0.62255 元/kWh，普通工业用电峰谷价差是 0.76698 元/kWh，已具有投资价值。

4.7.3　河南省光伏储能投资分析

河南省处于中原地区，历史悠久，以重工业装备制造、食品制造、材料制造、信息制造、汽车制造五大制造业为主，用电负荷较大。假设某工业厂房峰值负荷功率为 750kVA，工厂是早上 8:00 开工，18:00 收工，一天用电量约 5000kWh，一年工作时间约 280 天。某工业厂房功率运行图见图 4-4。

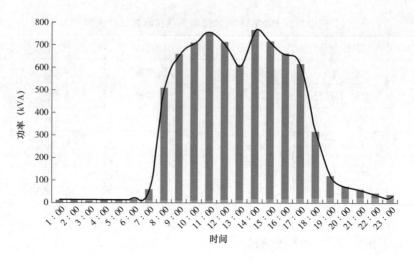

图 4 - 4　某工业厂房功率运行图

1. 设计方案

根据河南的电价情况，先设计一个光伏并离网储能系统。组件选用 1680 块 300W 单晶组件，共 504kW，预计平均每天可以发 1600kWh 电，并网逆变器选用 500kW，储能容量为 500kW/2000kWh，储能变流器选用 PCS500，蓄电池采用总容量为 2000kWh 的锂电池。原采用大工业最大需求计算电费，容量为 800kVA 的用电方案，现在改为按变压器容量 315kVA 用电方案。

储能逆变器各阶段工作状态如下：

（1）在电价谷值 00：00 时，电网给蓄电池充电，充到 80% 为止。早上有光照时，光伏方阵给蓄电池组充电，直到 8：00 为止。

（2）在工厂开工期间，光储系统和电网同时供电，电网容量不超过 315kVA，光储系统供应其余部分，预计在 8：00～12：00 高峰时段光储系统供电 1200kWh；平段时期 12：00～18：00 光储系统供电 1800kWh；电价峰段 18：00～22：00 储能逆变器单独给负荷供电，一天平均算 400kWh。总共 3400kWh，光伏提供 1600kWh，利用峰谷价差充放电 1800kWh。

2. 投资收益计算

（1）计算成本。整个光储系统可以分为光伏和储能两部分，光伏系统按 4.5 元/W 计算，500kW 共投资 225 万元；储能设备按 0.4 元/W 计算，锂电池按 1.4 元/Wh，容量 500kW/2000kWh 共 300 万元，总投资 525 万元。

（2）计算收益。每天峰值电量 1600kWh，电费约 1500 元。平段电量是 1800kWh，电费约 1190 元，谷段需要充电 2000kWh，电费开支 650 元，这样一天可节省电费 2040 元，每年按 280 天算，共 57.12 万元；还有 85 天不生产，光伏发电以脱硫电价 0.3779 元/kWh 卖给电网公司，共计 5.1 万元；原来 800kVA 的最大需求用电方案，一年的费用是 26.88 万元，现在按变压器容量 315kVA 方案，一年的费用是 7.56 万元，每年可节省 19.32 万元。另外电网停电会给工厂带来较大的损失，停电 1h，可能损失几千到几万元，加装了储能系统，还可以作为备用电源使用，估计一年节省 3.5 万元左右，这样每年的利润约 85 万元，约 6.2 年收回投资。锂电池寿命长达 10 年，有近 4 年时间是纯收益。

河南省重工业基础好，光照资源条件较好，目前电价相对较高，峰谷价差大，政府对储能也大力支持，目前河南的 100MW 储能项目是全国最大的储能项目，因此投标价格之低超乎预期，如果是工商业的中小型项目，价格就要高很多了。光伏系统的价格。从 2008 年到 2018 年 10 年间下降了 90%，得益于我国光伏电站不断扩大的规模，而储能电池的规模应用于 2018 年才刚刚开始，未来价格下降的空间还很大。

4.8　浙江光伏储能投资经济性分析

2017 年 10 月 11 日，《关于促进储能产业与技术发展的指导意见》（发改能源〔2017〕725 号）正式发布，这为储能产业的快速发展起了极大的推动作用。自从《关于 2018 年光伏发电有关事项的通知》（发改能源〔2018〕823 号）发布之后，储能开始进入人们的视线，目前储能产业正处于商业化初期，初装成本不断下降，技术不断提高。浙江省工业发达，电价较高，光伏储能有投资收益较好。

4.8.1　浙江省光伏与电价分析

浙江省太阳能资源一般，属于 3 类资源区，但其光伏产业发展迅猛，国内领先，特别是分布式光伏，其"嘉兴模式"曾被国家能源局点赞，并一度被视为全国各地推广分布式光伏的范本。

浙江省光伏产业的发展离不开光伏政策的支持。自 2013 年以来，浙江省及各市县纷纷出台光伏政策，鼓励、支持、补贴光伏发电，其政策之多、补贴力度之大，也是其他省所不及的。浙江省出台的光伏补贴政策已达 43 个，浙江省 11 个城市除了舟山市全部都出台了相关政策。

浙江省的峰谷电价见表 4 - 6。大工业用电有容量费，按变压器容量是每月 30 元/kVA，按最大需求是每月 40 元/kW。居民用电阶梯电价为：年用电量不大于 2760kWh，0.538 元/kWh；年用电量大于 2760kWh 且小于等于 4800kWh，0.588 元/kWh；年用电量大于 4800kWh，0.838 元/kWh。燃煤脱硫电价是 0.4153 元/kWh。

浙江省没有分峰平谷三段，峰段分为尖峰和高峰两种，再就是低谷，从表 4 - 6 中可以看出，大工业用电峰谷价差是 0.484 元/kWh，普通工业用电峰谷价差是 0.55 元/kWh，尖峰时间是 19:00 ~ 21:00，这时候是居民用电高峰，而工业用电已不是高峰。

表 4 - 6　　　　　　　　　　　　　　　　浙江省的峰谷电价

类别	尖峰 19:00 ~ 21:00 （元/kWh）	高峰 8:00 ~ 11:00， 13:00 ~ 19:00 （元/kWh）	低谷 00:00 ~ 8:00， 11:00 ~ 13:00 （元/kWh）
大工业用电（1 ~ 10kV）	1.0824	0.9004	0.4164
普通工业用电（不满 1kV）	1.3196	1.0416	0.4916
居民用电（不满 1kV）		0.568	0.288

4.8.2　浙江省光伏储能投资分析

浙江省居民用电峰谷价差是 0.28 元/kWh，比较小；工业用电峰谷价差是 0.484 元/kWh 和 0.55 元/kWh，也不是很大，依靠峰谷价差目前还没有投资价值。若电价较高，光伏加储能用于减小电费开支和减少容量费，还是有投资价值。

浙江省有很多工业厂家，负荷不均衡，一般每个月有几天时间负荷会特别大。我们假设某工业厂房，平时最高峰值负荷功率在 500kVA 左右，每个月有 5 天左右时间，因某个特殊的工艺，需要峰值负荷功率为 1200kVA，每天约 8h，但这个时间可以调整。工厂是 8:00 开工，19:00 收工，19:00 ~ 22:00 有时加班，功率在 200kVA 以下，一天的用电量在 5000kWh 左右，一年工作时间为 280 天左右。

1. 设计方案

根据浙江的电价情况，我们先设计一个大工业用电光伏微电网储能系统。组件选用 1120 块 450W 单晶组件，共 504kW，预计平均每天可以发电 1500kWh，逆变器选用 500kW 并网逆变器，储能变流器选用 500kW 的 PCS，蓄电池采用 600V/500Ah 的锂电池，总容量为 3000kWh。原来公司采用大工业最大需求，容量为 1200kV 的用电方案，现在改为按变压器容量 500kVA 用电方案。500kW 储能系统原理图见图 4 - 5。

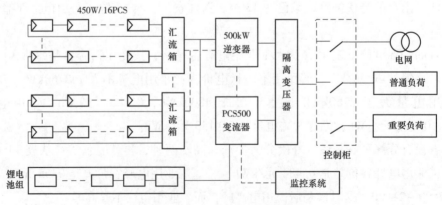

图 4 - 5　500kW 储能系统原理图

储能逆变器各阶段工作状态如下：

（1）在电价谷值 00:00 时，电网给蓄电池充电，充到 85% 为止。早上有光照时，光伏方阵给蓄电池组充电，直到 8:00 为止。

（2）在电价峰段 8:00 ~ 11:00，蓄电池和组件通过逆变器以恒功率 400kW 给负荷供电，3h 消耗 1200kWh 电。

（3）在电价平段 11:00 ~ 13:00，光伏方阵给蓄电池组充电。

（4）在电价峰段 13:00 ~ 19:00，蓄电池和组件通过逆变器以恒功率 400kW 同时给负荷供电，4h 消耗 1600kWh 电。

选择 5 个天气好的日子，晚上给蓄电池充满电，当特殊的工艺设备开动时，光伏逆变器和储能变流器同时给负荷供电。

2. 光伏微电网储能系统优势

（1）应用范围宽。光伏微电网储能系统包括以下多个工作模式：工作日自发自用；节假日余量上网；谷值充电、峰值供电，纯离网模式；功率因数修正模式等。

（2）系统配置灵活。并网逆变器可以根据客户的实际情况选择单台或者多台自由组合，可以选择组串式逆变器或者集中式逆变器，甚至可以选择不同厂家的逆变器。并网逆变器和 PCS 功率可以相等，也可以不一样。

（3）系统效率高。光伏微电网储能系统光伏发电经过并网逆变器，可以就近直接给负荷使用，实际效率高达 96%，双向储能变流器主要起稳压作用。

（4）带负荷能力强。光伏微电网储能系统并网逆变器和双向储能变流器可以同时给负荷供电，带负荷能力可以增加一倍。

3. 投资收益计算

（1）计算成本。《关于 2018 年光伏发电有关事项的通知》（发改能源〔2018〕823 号）出台后，组件和逆变器等设备厂家下调了价格，500kW 的光伏电站原材料和安装成本可降到 5.6 元/W，这样整个系统初装费用为 280 万元。铅炭电池是系统最贵的一部分（铅炭电池寿命到了之后还可以回收），500 节 2V/3000Ah 的蓄电池约 240 万元，加上储能变流器、变压器、配电柜 50 万元，总投资 570 万元。

（2）计算收益。光伏平均每天发电 1500kWh，自用 280 天，按 0.9004 元/kWh 价格算，每年收益约 37.8 万元；节假日光伏余量上网为 85 天，以脱硫电价 0.4153 元/kWh 卖给电网公司，总费用为 5.3 万元。还有峰谷价差的收益，假定蓄电池充放电效率为 85%，电价峰段时放电 1300kWh，电费抵扣 1170 元，电价谷段时充电 1530kWh，费用是 637 元，每年峰谷价差的利润约 14.9 万元。以前接最大需求容量费，一年的费用是 1200 × 40 × 12 = 57.6（万元），现在是变压器 500kVA 用电方案，容量费是 500 × 30 × 12 = 18（万元），共减少 39.6 万元。电网停电会给工厂带来较大的损失，停电一小时，可能损失几千到几万元，加装了储能系统，还可以作为备用电源使用，估计一年节省 5 万元左右，这样每年的利润约 102.6 万元，约 5.56 年收回投资。

6 年后铅炭电池报废，回收价值约 48 万元，6 年后估计锂电池成本约 1200 元/kWh，再投资 312 万元，还可以使用 10 年，因此第二次大约 3 年就能收回成本，并有 7 年的纯收益。

4. 大工业用电基本电价的两种计费方式

一般大工业用电的基本电费计收方式有两种：一种是按变压器容量计收，另一种按最大需量计收，用电人可根据自身情况，并按供电局相关规定选择一种计收基本电费的方式。

以浙江为例，按变压器容量计收基本电费为 30 元/kVA，如变压器容量为 200kVA，正常情况下，每月基本电费为 6000 元（用不用电都必须交基本电费，除非变压器报停），按最大需量计收基本电费为 40 元/kW，若申报最大需量核定值为 1000kW，且该月实际最大需量未超出核定值，该月基本电费为 40000 元。

4.9 江苏光伏储能投资经济性分析

在储能市场的应用开发中，江苏已经走在了全国前列，2018 年 6 月初，江苏省发改委发布了《省发展改革委关于转发〈关于促进储能技术与产业发展的指导意见〉的通知》（苏发改能源发〔2018〕515 号），主要内容如下：

（1）2020 年，要建成分布式能源微电网示范项目 20 个左右，实现新增分布式能源装机 40 万 kW 左右；2025 年，要建成分布式能源微电网示范项目 50 个左右，实现新增分布式能源装机 200 万 kW 左右。

（2）将完善市场交易机制，分布式能源微电网项目投资经营主体可依法取得《电力业务许可证（供电类）》，并作为第二类售电公司，开展售电业务。

（3）鼓励地方政府给予分布式能源微电网项目投资补贴，或在项目贷款利息上给予一定比例贴息支持；鼓励各类产业基金对分布式能源微电网予以支持；鼓励分布式能源微电网参与辅助服务交易。

4.9.1 江苏储能市场现状

作为能源电力消费大省，江苏省储能产业发展一直全国领先，电力需求的不断增长与较大的峰谷价差是储能技术在江苏省能够得到快速发展的主要原因。在 2021 及未来的"十四五"期间，江苏省将推动绿色循环低碳发展，坚决落实"碳达峰、碳中和"目标要求，实施碳达峰行动，大力倡导绿色低碳生产生活方式。2020 年江苏省共有 18 个储能项目，位居中国第二。江苏省储能中标状况见表 4-7。

表4-7 江苏省储能中标状况

中标公司	规模	电池类型	总金额	单价
南都电源	31.5MW/252MWh	铅炭电池	6亿元	2.38元/Wh（EPC）
中天储能	21MW/42MWh	磷酸铁锂电池	1.33亿元	3.17元/Wh（设备）
科陆电子	12MW/24MWh	锂电池	8261万元	3.44元/Wh（EPC）

4.9.2 江苏省光伏与电价分析

江苏省的太阳能资源的年均总辐射量在1200～1500kWh/m²，属于太阳能资源3类区"很丰富带"；从地域分布来看，从南向北逐渐增加；平均年利用小时约1050h。

江苏省峰谷电价表见表4-8。大工业用电有容量费，按变压器容量是每月30元/kVA，按最大需求是每月40元/kW。居民用电阶梯电价为：年用电量不大于2760kWh，0.5283元/kWh；年用电量大于2760kWh小于等于4800kWh，0.5783元/kWh；年用电量大于4800kWh，0.8283元/kWh。燃煤脱硫电价是0.391元/kWh。

表4-8 江苏省峰谷电价表

类别	高峰 8:00～12:00， 17:00～21:00 （元/kWh）	平段 12:00～17:00， 21:00～24:00 （元/kWh）	低谷 0:00～8:00 （元/kWh）
大工业用电（1～10kV）	1.0697	0.6418	0.3139
普通工业用电（不满1kV）	1.2928	0.7757	0.3586
居民用电（不满1kV）	0.5583	0.5283	0.3583

从表4-8中可以看出，大工业用电峰谷价差是0.7558元/kWh；普通工业用电峰谷价差是0.9342元/kWh，已具有投资价值；居民用电峰谷价差是0.2元/kWh，目前还没有投资价值。

4.9.3 江苏省光伏储能投资分析

假设某工业厂房峰值负荷功率为200kVA，工厂是8:00开工，18:00收工，开工期间功率没有大的波动，18:00～22:00有时加班，功率在50kVA以下，一天的用电量在1800kWh左右，一年工作时间为280天左右。

1. 设计方案

根据江苏省的电价情况，我们先设计一个普通工业用电光伏并离网储能系统。组件选用500块300W单晶双面组件，共150kW，预计平均每天可以发电500kWh，逆变器选用150kW

并离网一体机，输出功率为188kVA，蓄电池采用250V节2V/2000Ah的铅炭电池，总容量为1000kWh。

储能逆变器各阶段工作状态如下：

（1）在电价谷值00：00时，电网给蓄电池充电，充到80%为止。早上有光照时，光伏方阵给蓄电池组充电，直到8：00为止。

（2）在电价峰段8：00～12：00，蓄电池和组件通过逆变器以恒功率150kW给负荷供电，4h消耗600kWh电，放电深度约0.6。

（3）在电价平段12：00～17：00，光伏方阵给蓄电池组充电。

（4）在电价峰段17：00～18：00，蓄电池和组件通过逆变器以恒功率150kW同时给负荷供电，1h消耗电量为150kWh。

（5）在电价峰段18：00～21：00，储能逆变器单独给负荷供电，一天平均为200kWh。

2. 投资收益计算

（1）计算成本。单晶高效组件成交价约2.4元/W，但储能逆变器价格比并网逆变器价格要贵很多，150kW的光伏电站原材料和安装成本可降到5.6元/W，这样整个系统初装费用为84万元，铅炭电池是系统最贵的一部分，也是寿命最短的设备，但铅炭电池寿命到了之后还可以回收，价格约为销售价的20%，250节2V/2000Ah的蓄电池约90万元，总投资174万元。

（2）计算收益。光伏平均每天发电500kWh，自用280天，按1.2928元/kWh价格算，每年收益约18.1万元；节假日光伏余量上网为85天，以脱硫电价0.391元/kWh卖给电网公司，总费用为1.7万元。还有峰谷价差的收益，假定蓄电池充放电效率为85%，电价峰段时放电450kWh，电费抵扣581.8元，电价谷段时充电560kWh，费用是200.8元，每年峰谷价差的利润约10.7万元。电网停电会给工厂带来较大的损失，停电一小时，可能损失几千到几万元，加装了储能系统，还可以作为备用电源使用，估计一年节省2万元左右，这样每年的利润约32.5万元，约5.35年收回投资。

6年后铅炭电池报废，回收价值约18万元，6年后锂电池成本约1200元/kWh电，到时再投资100万元，还可以使用10年，第二次大约3.5年收回成本，并有6.5年纯收益。

江苏省经济发达，光照资源条件较好，目前电价相对较高，峰谷价差大，政府对储能也大力支持，在江苏省推广工商业光伏储能大有可为，前景看好。

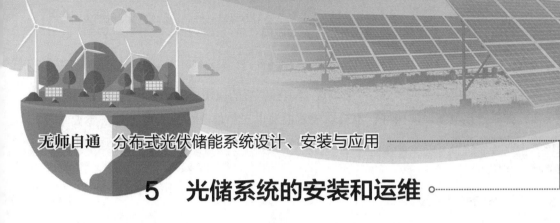

5　光储系统的安装和运维

光储系统包括光伏和储能两部分，相对而言，储能更复杂，因此在设计时，就要充分考虑安装和维护的需要，留有安装和运维的通道。储能变流器和蓄电池功率密度和能量密度更大，安全方面更要注意。由于不合格的运行和维护服务，逆变器或和组件出现问题，会导致太阳能发电系统的性能下降，影响发电量，但发电系统仍将运行，并可通过适当的维修得以恢复。但如果储能电池系统遇到过电压、过电流、过温事件，电池组将无法恢复，发电系统无法运行，还有可能引起火灾，甚至爆炸事故，造成大的财产或者人身安全事故。

5.1　光储系统安装注意事项

光储系统各部件安装之后，在逆变器开机运行之前，先要检查各个部件是否安装正确，连接是否牢固，有没有错接、漏接等情况，确认无误后再开机，可以提高系统安全性，防止事故发生。

准备工具：扳手、万用表、电流表、绝缘电阻表。

5.1.1　安装检查步骤

（1）检查结构件。主要检查支架有没有连接牢固，用扳手紧一下螺钉，看看有没有拧紧，有没有漏装的，逆变器和配电柜是否安装牢固。如果蓄电池数量比较多，建议配蓄电池架，要注意承重和绝缘。逆变器要安装在坚实的墙面上，最适合的高度是显示屏和视线高度一致，逆变器周边要留有一定的空间，方便逆变器散热和移动。

（2）检查电气部分。检查光伏直流电缆有没有破损；检查接头是否牢固；用万用表检测组串的电压是否正常；没有运行前，检查组串的总电压是否等于各组件电压之和，并联各回路电压是否基本相等；检查组件正负极是否有反接。有条件的地方，可以用绝缘电阻表测一下组件对地的绝缘电阻、交流线路相线和中性线对地的绝缘电阻。

（3）检查蓄电池。蓄电池出厂前，一般都会充电，因此要检测一下蓄电池的电压是否正常，蓄电池如果长时间不用，就会慢慢放完电。多组蓄电池串并联时，要检测各组电池接头是否牢固。离网系统电压有 12、24、48、96V 等多种，有的应用要多个蓄电池串联才能满足系统电压，如果连接电缆没连接好，也会造成蓄电池电压不够。注意蓄电池端子不要接反，蓄电池端子有正负两极，一般是红色接正极，黑色接负极。接线时注意：如果是带电操作，会有少量火花产生。

5.1.2　离网调试步骤

不同于并网系统，光伏离网系统在运行前一般还需要调试，主要原因是离网项目客户的要求是多样的，逆变器也设置了多种应用场景，供用户选择。

（1）开机自动检测。离网逆变器接入蓄电池后，就开始运行，先检测逆变器本身，再检测组件电压、直流绝缘、蓄电池、交流电压等，全部正常后，逆变器启动，交流开始有输出，启动交流负荷。交流部分主要检测输出电流等。

（2）逆变器设置。离网系统中，负荷用电有市电优先、电池优先、光伏优先三种模式。蓄电池充电模式也有四种模式，即市电充电、光伏充电、市电和光伏充、光伏独充等，这些模式要在逆变器运行之前设置。离网逆变器一般都会有一个干触点信号，当蓄电池电量不足时，可以启动外部发电机，如果需要这个功能，就需要设置蓄电池的低点警戒线电压，并设置干触点信号的用途。

如果是多台离网逆变器并机，还需要安装并机功能板，和并网逆变器不一样的是，离网逆变器没有自动调相功能，安装功能板和信号线之后，启动逆变器，但先不运行，要设置一个主机，其余逆变器设为从机。并联逆变器必须接在同一组蓄电池上，逆变器和蓄电池之间的距离要基本一致，以保证逆变器均流。

（3）监控。逆变器设置好了之后，就可以安装数据采集器，现在的监控方式一般有 GPRS 和 WiFi 两种方式，用户可根据情况选择。注册好账号，再接入采集器，10min 后就可以从手机 App 端或者电脑端看到逆变器的运行数据。离网系统采集的信息比较多，包括光伏端的电压、电流，负荷端的电压、电流，还有蓄电池的电压、SOC 剩余电量，每天光伏的充电量、用电量。安装好监控之后，就可以实时远程查看逆变器的各种运行信息，还可以远程设置逆变器的运行参数，改变逆变器的运行状态，有些故障直接在远程就可以处理，非常方便和实用。

5.2　光伏离网系统常见故障及解决方案

光伏离网系统主要用于解决无电或者少电地区居民基本用电问题。光伏离网系统主要由光伏组件、支架、控制器、逆变器、蓄电池及配电系统组成。和光伏并网系统相比，离网系统多了控制器和蓄电池，逆变器直接带动负荷，因此电气系统更复杂。由于离网系统可能是用户唯一的用电来源，用户对系统依赖性大，因此离网系统设计和运行要更加可靠。

5.2.1 离网系统常见的设计问题

光伏离网系统没有统一的规格，要根据用户的需求去设计，主要考虑组件、逆变器、控制器、蓄电池、电缆、开关等设备的选型和计算。设计之前，前期工作要做好，需要先了解用户的负荷类型和功率、安装地点的气候条件、用户的用电量，只有把需求弄清楚了，才能把方案做好。

（1）组件的电压和蓄电池的电压要匹配，PWM 控制器太阳能组件和蓄电池之间通过一个电子开关相连接，中间设有电感等装置，组件的电压是蓄电池电压的 1.2 ~ 2.0 倍，如果是 24V 的蓄电池，组件输入电压在 30 ~ 50V；MPPT 控制器中间有功率开关管和电感等，组件的电压是蓄电池电压的 1.2 ~ 3.5 倍，如果是 24V 的蓄电池，组件输入电压就在 30 ~ 90V。

（2）组件的输出功率和控制器的功率要相近，如一个 48V/30A 的控制器，输出功率为 1440VA，组件的功率应该在 1500W 左右。选择控制器时，先看蓄电池的电压，再用组件功率除以蓄电池的电压，就是控制器的输出电流。

（3）如果一台逆变器功率不够，需要多台逆变器并联，光伏离网系统输出连接负荷，每个逆变器输出端电压和电流相位、幅值都不一样，若逆变器输出端并联，则要加上有并机功能的逆变器。

5.2.2 离网系统常见的调试问题

1. 逆变器 LCD 没有显示

（1）故障分析。没有蓄电池直流输入，逆变器 LCD 是由蓄电池供电的。

（2）可能原因。

1）蓄电池电压不够。蓄电池刚出厂时，一般都会充满电，但蓄电池如果长时间不用，就会慢慢放完电。离网系统电压有 12、24、48、96V 等多种，有的应用要多个蓄电池串联才能满足系统电压，如果连接电缆没连接好，也会造成蓄电池电压不够。

2）蓄电池端子接反。蓄电池端子有正负两极，一般是红色接正极，黑色接负极。

3）直流开关没有合上。

（3）解决办法。

1）如果是蓄电池电压不够，系统不能工作，太阳能不能给蓄电池充电，就要去另外找一个地方先把蓄电池充电到 30% 以上。

2）如果是线路的问题，就用万用表电压挡测量各个蓄电池电压。电压正常时，总电压是各蓄电池电压之和。如果没有电压，依次检测直流开关、接线端子、电缆接头等是否正常。

3）如果蓄电池电压正常，接线正常，开关也打开了，逆变器还是没有显示，就可能是逆变器发生故障，要通知厂家检修。

2. 蓄电池不能充电

（1）故障分析。蓄电池是通过光伏组件和控制器，或者市电和控制器来充电的。

（2）可能原因。

1）组件原因。组件电压不够，阳光偏低，组件和直流电缆接线不好。

2）蓄电池电路接线不好。

3）蓄电池已充满，达到最高电压。

（3）解决办法。

1）依次检测直流开关、接线端子、电缆接头、组件、蓄电池等是否正常。如果有多路组件，就要分开单独接入测试。

2）当蓄电池达到满荷时，就不能再充电了，但不同的蓄电池充满电时电压不一样，如额定电压为 12V 的蓄电池，充满电时电压在 12.8～13.5V，主要和蓄电池满荷电时的电解液密度有关。要根据蓄电池的型号调整最高限压。

3）输入过电流。蓄电池的充电电流一般为 $0.1C$～$0.2C$，最大不超过 $0.3C$，例如 1 节 12V/200Ah 铅酸电池，充电电流一般在 20～40A，最大不能超过 60A。组件功率要和控制器功率相匹配。

（4）输入过电压。逆变器输入电池板电压不能过高，应检查电池板电压，若确实高，可能原因为电池板配置串数过多，可减少电池板串数。

5.2.3　逆变器显示过载或者不能启动

（1）故障分析。负荷功率大于逆变器或者蓄电池功率。

（2）可能原因。

1）逆变器过载。逆变器过载超出时间范围，负荷功率超出最大值，应调整负荷大小。

2）蓄电池过载。放电电流一般为 $0.2C$～$0.3C$，最大不超过 $0.5C$，1 节 12V/200Ah 铅酸电池，输出最大功率不超过 2400W，不同的厂家、不同的型号，具体的数值也不一样。

3）电梯之类的负荷不能直接和逆变器输出端相连接，因为电梯在下降时，电动机反转会产生一个反电动势，进入逆变器时，对逆变器有损坏。如果必须要用离网系统，建议在逆变器和电梯电动机之间加一个变频器。

（3）解决办法。负荷的额定功率要低于逆变器功率，负荷的峰值功率不能大于逆变器额定功率的 1.5 倍。

5.2.4　蓄电池常见问题

1. 短路现象及原因

铅酸电池的短路是指铅酸电池内部正负极群相连。铅酸电池短路现象主要表现在以下几个方面：

（1）开路电压低，闭路电压（放电）很快达到终止电压。

（2）大电流放电时，端电压迅速下降到零。

（3）开路时，电解液密度很低，在低温环境中电解液会出现结冰现象。

（4）充电时，电压上升很慢，始终保持低值（有时降为零）。

（5）充电时，电解液温度很快上升到很高。

（6）充电时，电解液密度上升很慢或几乎无变化。

（7）充电时，不冒气泡或冒气出现得很晚。

2. 造成铅酸电池内部短路的原因

（1）隔板质量不好或缺损，使极板活性物质穿过，致使正、负极板虚接触或直接接触。

（2）隔板窜位致使正负极板相连。

（3）极板上活性物质膨胀脱落，因脱落的活性物质沉积过多，致使正、负极板下部边缘或侧面边缘与沉积物相互接触而造成正负极板相连。

（4）导电物体落入电池内造成正、负极板相连。

3. 极板硫酸化现象及原因

极板硫酸化是在极板上生成白色坚硬的硫酸铅结晶，充电时又非常难于转化为活性物质的硫酸铅。铅酸电池极板硫酸化后主要有以下几种现象：

（1）铅酸电池在充电过程中电压上升得很快，其初期和终期电压过高，终期充电电压可达 2.90V/单格左右。

（2）在放电过程中，电压降低很快，即过早地降至终止电压，因此其容量比其他电池显著降低。

（3）充电时，电解液温度快速上升，超过 45℃。

（4）充电时，电解液密度低于正常值，且充电时过早地出现气泡。

4. 造成极板硫酸化的原因

（1）铅酸电池初充电不足或初充电中断时间较长。

（2）铅酸电池长期充电不足。

（3）放电后未能及时充电。

（4）经常过量放电或小电流深放电。

（5）电解液密度过高或者温度过高，硫酸铅深入形成不易恢复。

（6）铅酸电池搁置时间较长，长期不使用而未定期充电。

5.3　光储系统地线的接法

光储系统的接地非常重要，很多故障都是因为接地不当或者没有接地引起的，如果把逆变器的交流地线直接接在避雷针下面的接地排上，光伏防雷就会变成引雷，因此了解清楚接地很有必要。

5.3.1　接地的种类

（1）防雷接地，将雷电导入大地，防止雷电流使人身受到电击或财产受到破坏。由于光伏发电系统的主要部分都安装在露天状态下，且分布的面积较大，因此存在着受直接和间接雷击的危害。同时，光伏发电系统与相关电气设备及建筑物有着直接的连接，因此对光伏发电系统的雷击还会涉及相关的设备和建筑物及用电负荷等。为了避免雷击对光伏发电系统的损害，就需要设置防雷与接地系统进行防护。

（2）安全接地，防止用电设备由于绝缘老化、损坏引起触电、火灾等事故。光伏电站设备寿命是25年，而且放在户外，容易受到外界影响，设备接地后，就可以减少事故的发生。

（3）逆变器参考电位，理想的参考地可以为系统（设备）中的任何信号提供公共的参考电位，大地可以认为是一个电阻非常低、电容量非常大的物体，拥有吸收无限电荷的能力，而且在吸收大量电荷后仍能保持电位不变，常被作为电气系统中的参考地来使用。电网侧的电压也是把大地作为零电位。以大地为零电位，逆变器的交流电压和直流电压可以检测得更准确、更稳定，检测组件对地的漏电流也需要把地作为一个参考点。

（4）防电磁干扰的屏蔽接地，逆变器是把直流电转为交流电的设备，里面有电力电子变换，频率一般为 $5 \sim 20kHz$，因此会产生交变电场，也会产生电磁辐射。外界的电磁干扰也会对逆变器运行造成影响，屏蔽接地将电气干扰源引入大地，抑制外来电磁干扰对逆变器的影响，也可减少逆变器产生的干扰对其他电子设备的影响。

（5）防组件出现电势诱导衰减（potential induced degradation，PID）。PID直接危害就是大量电荷聚集在电池片表面，造成电池表面的钝化，PID效应的危害使得电池组件的功率急剧衰减，减少太阳能电站的输出功率，减少发电量，减少太阳能发电站的电站收益。采用直接接地系统或者虚拟接地系统，可以延缓组件的衰减，而这个接地一直是通过逆变器来实现的。

5.3.2　光储系统的接地要求

在光储系统安装中，组件需要接地线，逆变器也需要接地线，那么，组件和逆变器的地线是否可以接在一起，这样是否可以省去多根地线？

从原理上看，安全接地和工作接地尽量不要接在一起，因为安全接地不经常发生，但发生时电流很大，电压比较高，属于强电。而工作接地和逆变器印制电路板弱电部分相连接，电流很小，电压也很低，属于弱电。强电和弱电是不能接在一起的。

防雷接地包括避雷针（带）、引下线、接地体等，要求接地电阻小于 10Ω，并最好考虑单独设置接地体。条件许可时，防雷接地系统应尽量单独设置，不与其他接地系统共用，并保证防雷接地系统的接地体与公用接地体在地下的距离保持在3m以上。

逆变器一般有两个接地点，机壳接地点和接线端子接地点，机壳接地点是防雷接地和安全接地，最好是各引一根地线，再和埋在地下的接地带连接。

如果条件限制，或者电站位置较低，周围有高大建筑物，可以和组件系统的接地点接在一起，但不要和避雷针接在一起，要与离避雷针尽量远一些的防雷带接在一起。

逆变器的接线端子接地点是工作接地，主要作用是逆变器的参考电位，EMC屏蔽接地，PID防护接地，这个需要准确的电位，因此要和电网端地线接在一起。

最佳地线接线方案为：组件防雷，逆变器机壳接地点单独各引一根地线到接地体，逆变器的接线端子接地点和电网的接地点相连。次佳地线接线方案为：组件防雷，逆变器机壳接地点和防雷带接在一起，但要远离避雷针。

5.4　逆变器接错线后的影响

对于光伏并网逆变器，输入端是接光伏组件，输出端是接电网，组件只有正负两极，不容易接错线。由于组件离逆变器有一段距离，需要添加一根延长线，正确的接法是光伏接头一边是母头，一边是公头，这样才能保证正负极方向不会变，但是也有一些新手会把延长线的两个接头做成一样，如果接入逆变器，可能会造成正负极接反。对于逆变器交流输出线，单相逆变器有三根线，即一根相线、一根中性线、一根地线；三相逆变器通常有五根线，即三根相线、一根中性线、一根地线；少部分中压并网的逆变器是四根线，即三根相线、一根地线。有经验的安装师傅都不会接错，新手有时候会犯错。

5.4.1　组件正负极接反的影响

（1）逆变器只有一路组串。逆变器是由组件供电，如果只有一路组串且正负极接反了，逆变器无法启动，逆变器的指示灯和屏幕均不亮。但逆变器不会损坏，如果改好了再接入，逆变器就会正常工作。

（2）逆变器一个MPPT两路组串。如果两路组串都接反，和只有一路组串的情况一样，逆变器无法启动，逆变器的指示灯和屏幕均不亮；如果两路组串，一路接对，一路接反，两路组串相当于内部短路，组件短路电流放大15%，熔丝不会烧断，这一路MPPT电压很低不能发电，逆变器不会损坏，组件会慢慢烧坏，有可能引起火灾。

（3）逆变器一个MPPT多路组串。如果多路组串都同时接反，和第一种情况一样，逆变器无法启动，逆变器的指示灯和屏幕均不亮；如果一路接对，另外的几路接反，或者一路接反，另外的几路接对，组串内部短路，电流会增加2倍以上；如果逆变器有熔断器，熔断器会熔断，电路断开，不至于引起火灾。熔丝烧断后，熔丝两端的电压便会翻倍，造成逆变器过电压炸机。

组件如果接反，后果比较严重，轻则逆变器炸机，重则引起组件起火，因此要特别重视。新手如果不太熟练，可以先用万用表测量一下电压，记得要用万用表直流电压挡测量，如果测量电压的方向和逆变器的方面是对的，再接入到逆变器。

5.4.2　交流输出端接错的影响

交流线如果接错了，有可能导致逆变器不能启动，某些保护功能缺失，但不会导致逆变器损坏。下面是几个接错线的情况分析。

（1）三个相线（A、B、C 相）的顺序。不存在接错的问题，因为并网逆变器有自动调整相序的功能。并网发电之前，先从电网上取电，检测电网的电压、频率、相序等参数，然后调整自身发电的参数，与电网电参数同步一致后才会并网发电。

（2）相线和中性线接错。这时候逆变器就会报电网电压故障，逆变器 A 相会显示是线电压 380V，B、C 相会显示是相电压 220V，逆变器认为电压过低而不启动。

某逆变器报电网电压超范围警告时，从 App 监控上看到了电网各相电压，相线和中性线接错显示的电压见表 5-1。其中 A 相正常为 380V 左右，B 相和 C 相电压偏低，经现场检测，就是相线 A 和中性线 N 线接反了。

表 5-1　　　　　　　　　　　　相线和中性线接错显示的电压

相位	A 相	B 相	C 相
电压（V）	380	220	220

5.4.3　地线和中性线接反

地线和中性线到达变压器端时都会接到一起，对于三相变流电，中性线和地线基本上是没有电流的。但是在逆变器端接线时，地线和中性线不能接到一起，因为它们的作用不一样，地线的主要作用是防雷安全、逆变器参考电位、防电磁干扰的屏蔽接地、防组件出现 PID 等；中性线的作用是和相线构成一个回路，单相中性线有电流，三相系统如果不平衡，中性线也会有电流。如果把中性线和地线接反，地线的这些作用都没有了，有可能出现被雷击损坏、交流电压测量不准、逆变器易受干扰等故障。单相逆变器地线可能带电，逆变器机壳也会带电，有可能发生触电事故，漏电保护器容易误跳。

三相低压并网的逆变器一般采用三相五线制，包括三相的三个相线（A、B、C 线）、中性线（N 线）以及地线（PE 线）。地线在供电变压器侧和中性线接到一起，但进入用户侧后不能作为中性线使用。供电线路相线之间的电压（即线电压）为 380V，相线和地线或中性线之间的电压（即相电压）均为 220V。进户线一般采用单相三线制，即相线、中性线、地线。国家标准中，三相五线制标准导线颜色为：A 线黄色，B 线绿色，C 线红色，N 线蓝色，PE 线黄绿双色。逆变器的交流输出线，一般都是按照 A、B、C、N、PE 的顺序来排列的，因此只要按照国家规定的颜色接线，肯定不会错。

5.4.4　蓄电池正负极接错

储能逆变器一般都是由蓄电池提供辅助电源，如果只有一组蓄电池，极性接反了，逆变器不能启动，屏幕没有显示。

如果是两组蓄电池，其中一组极性接反，蓄电池端电压会翻倍，逆变器电压超标，有可能会损坏逆变器，蓄电池内部有可能造成短路，引起蓄电池温度升高，甚至有可能造成火灾。

6 储能系统的拓展应用

储能电站可以作为电网侧的"充电宝",为电网运行提供调峰、黑启动、需求响应等多种服务,有效实现电网削峰填谷,缓解高峰供电压力,促进新能源消纳,为电网安全稳定运行提供了新的途径。

6.1 调峰 – 储能电站在电力系统中的作用

6.1.1 电力系统为什么需要调峰

电力系统主要由发电侧、电网侧和用电侧组成。我国的发电侧有水力发电、火力发电、核能发电及太阳能、风力等新能源发电等,用电侧主要是工厂、企业、商场、家庭等。还有一部分设施,既可以用电也可以发电,这就是储能电站。电力系统的一个特性就是电能供需必须实时平衡,但一般情况下发电侧机组电力和用电侧的电力负荷不一定是平衡的,工厂、企业等负荷一般是白天用电多、晚上少,家庭负荷一般是白天用电少、晚上多,但总体说来,白天是用电高峰,晚上是用电低谷。而水力发电、火力发电、核能发电一般都是大型发电机组,设备一旦开动就不能随便停下来,太阳能、风力等新能源是根据环境和气候来发电的,发电不稳定,随时都有变化。因此需要在负荷高峰的时候,增加发电机的出力;在负荷低谷的时候,减少发电机出力,甚至停掉某些机组。电力系统中有些发电机是专门用来进行调峰的,称为调峰机组。

6.1.2 电力系统有哪些调峰方式

根据电力系统要求,调峰设置应该在负荷低时能消纳电网多余的电能,在负荷高峰时能增加电能供应,设施应该具备灵活、启动快等特点,目前可供电力系统调峰的电源有:

(1)抽水储能机组调峰。抽水蓄能电站有上下两个有一定高度落差的水库,在电力负荷低谷时抽水至上游水库,在电力负荷高峰期再放水至下游水库发电,又称蓄能式水电站。它可将电网负荷低时的多余电能,转变为电网负荷高峰时期的高价值电能。抽水蓄能优点是技术成熟可靠、容量很大、可以削峰填谷、效率通常为 70% ~ 85%,缺点是选址比较困难、占地面积大、投资大、建设周期长。

（2）火电机组调峰。火电机组包括燃煤火电机组和燃气轮机组等，机组负荷特性可调，在负荷高峰时提高输出功率，在负荷低谷时降低输出功率。火电机组调峰的优点是占地面积小、初期投资少、效率高；缺点是响应较慢，从锅炉起炉到汽轮机并网发电时间较长，负荷低谷时不能消纳电网电量。

（3）储能电站调峰。发电企业、售电企业、电力用户、电储能企业等投资建设电储能设施，可以在发电侧建设的电储能设施，或作为独立主体参与辅助服务市场交易；或者在用户侧建设的电储能设施，可视为分布式电源就近向电力用户出售，作为独立市场主体，深度调峰。

6.1.3　储能电站如何参与调峰

国家鼓励在集中式新能源发电基地配置电储能设施，参与调峰辅助服务，10MW以上的电储能设施接受电力调度机构统一调度。建设在发电厂的储能设施（储电、电供热储能），可与发电厂联合参与调峰，也可以独立主体参与调峰。其中，建设在风光电站的电储能设施，优先考虑风光电站使用后，富余能力可参与辅助服务市场，用户侧储能设施（储电、电供热储能）仅可参与深度调峰与启停调峰。建设在发电厂的储能设施，放电电量按照发电厂相关合同电价结算；用户侧储能设施，按市场规则自行购买电量；放电时，可就近向电力用户出售电力获得收益，充放电4h以上的电储能装置参与发电侧启停调峰，视为与一台最低稳燃功率相当的火电机组启停调峰。

6.1.4　储能电站参与调峰投资收益计算

储能最终是否能在调峰辅助服务市场获得推广应用，最直接的制约因素还是在于其经济性。储能电站的投资收益来自两块：一是峰谷电价差的收益，二是调峰补偿的收益。下面以中国南方电网有限责任公司为例，计算一个储能电站的投资收益。

2018年1月，南方监管局发布《南方区域电化学储能电站并网运行管理及辅助服务管理实施细则（试行）》，该细则适用于南方区域地市级及以上电力调度机构直接调度的并与电力调度机构签订并网调度协议的容量为2MW/0.5h及以上的储能电站。储能电站根据电力调度机构指令进入充电状态的，按其提供充电调峰服务统计，对充电电量进行补偿，具体补偿标准为0.05万元/MWh。广州峰平谷电网时段见表6-1。

假设储能系统在谷段或平段充电，峰段将电全部放光，高峰放电时获得售电收益，谷段和平段的充电视为参与辅助服务市场调峰，获得调峰收益。则一套储能系统在上述时段划分下，一天可进行2次满充满放。

若布置一套20MW/5h的储能系统，并假设其放电时上网电价采用风电上网电价核算，则其参与调峰的总收益计算如下。

表 6 - 1　　　　　　　　　　　　广州峰平谷电网时段

电价类型	峰电	谷电	平电
时间	9：00～12：00，19：00～22：00	0：00～8：00	8：00～9：00，12：00～19：00，22：00～24：00
电价	1.0 元/kWh	0.3 元/kWh	0.6 元/kWh

（1）每天调峰收益。每天可下调电量 40MWh，按照具体补偿标准为 0.05 万元/MWh 计算，其每天的补偿费用（深度调峰费用）为

$$40MWh × 500 元/MWh = 20000 （元）$$

（2）每天售电收益。储能高峰放电，平谷时充电，按综合价差 0.6 元/kWh 计算。假设所存电量高峰期都能出售，且充放电效率为 80%，每天的售电收益为

$$40MWh × 1000 × 0.6 元/kWh × 0.8 = 19200 （元）$$

（3）全年收益。考虑到节假日，全年按 300 天计算，低充高放，则全年收益为

$$（20000 + 19200）× 300 = 1176 （万元）$$

（4）投资回收期。2018 年下半年，储能蓄电池价格大幅下降，储能系统成本从 3000 元/kWh 下降到 2000 元/kWh 左右，考虑其他建设、人力、运维成本，按 2400 元/kWh 计算，20MW/5h 的储能系统总成本为 4800 万元（2400 元/kWh × 2000kWh），则整个系统的投资回收期约为 4.08 年（4800 万元/1176 万元）。

每天 2 次循环，4.08 年共计循环 2448 次（2 次 × 300 天 × 4.08 年），锂电池、钠硫电池、液流电池和铅炭电池的循环寿命基本都能满足此要求。

6.2　电力需求响应

需求响应（demand response，DR），指当电力市场价格升高或电力系统可靠性受到威胁时，电力用户减少用电负荷的行为。通俗地说，就是电力用户根据供电企业发出的电力负荷和价格的变化而暂时改变其固有的用电模式，在不影响生产工艺或舒适度的前提下，停止一部分用电设备的运行或降低一部分设备的用电负荷，从而减少尖峰时段的用电负荷或推移电网用电高峰期，保证电网供需平衡、可靠运行。

6.2.1　电力需求响应的种类

需求响应主要分为两大类，即价格型需求响应、激励型需求响应。价格型需求响应是指用户收到价格信号后，包括分时电价、实时电价和尖峰电价等，相应调整其用电需求，从而达到改变负荷曲线的目的。激励型需求响应是指实施者根据电网供需状况制订相应政策，用户在系统需要或电力紧张时减少用电需求，并获得直接补偿或在其他时段获得优惠电价的响

应方式。需求响应分为削峰需求响应和填谷需求响应。

削峰需求响应启动条件为：电网备用容量不足或局部过负荷，或其他因素造成电力供力缺口。填谷需求响应启动条件为：当用电负荷水平较低，电网调差能力不能适应谷差及可再生能源波动性、间隙性影响，难以保证电网稳定运行时。

6.2.2 为什么需要电力需求响应

自 2002 年以来，我国东南沿海地区电网尖峰负荷日渐加重，系统最大负荷 95% 以上年运行时间 10 ~ 20h，既威胁电网安全运行，又不利于节能减排，必须通过经济和技术手段相结合的方式实施负荷控制，以改变电力消费的时段分布。要改变传统的思维模式，不能在电力紧缺时仅想到从供应侧一个方面想解决方案，一味地增加供给，这样做很不经济。还要从需求侧入手，通过价格政策去引导用电客户参与需求响应、平稳电网负荷、提高发电效率、降低能源损耗和保护环境，从而实现社会、电网、电厂和客户的四方共赢，这是需求响应能够达到的目标。电力需求响应主要有以下几方面的作用：

（1）降低系统运行成本，提高系统运行效率，并能够在一定程度上借助其实现的负荷削减效用，减缓发、输电等基础设施的投资建设。

（2）缓解备用短缺、输电阻塞等问题。

（3）有助于降低电价波动，降低市场参与风险。

（4）参与者能够获得一定的收益。

6.2.3 储能如何参与电力需求响应获益

储能系统的主要收益来自峰谷价差，通常采用低谷充电和尖高峰发电模式，电力需求响应机会还不多，一旦响应，其经济效益是峰谷价差的 4 ~ 5 倍，但要把时间隔开，若需求响应执行时段和持续时间恰巧与固定峰值电价时段一致，将没有需求响应收益。为促进电储能等分布式能源参与响应并获取收益，需求响应所削减负荷指向要更加明确和细化，让用户提前做好充分准备，自主选择调整方案，选择参与不同时段响应。

6.2.4 我国电力需求响应政策

目前我国主要有江苏、上海、河南、山东等地启动了电力需求响应市场。

（1）2017 年江苏经信委印发《关于进一步深化电力需求响应工作的通知》，明确了用户参与源网荷项目的基本原则，即在企业自愿和确保安全条件下，通过市场化方式开展用户协商；指导省电力公司与用户签订源网荷互动协议，明确双方的权利、义务及补偿标准。2018年 10 月 1 ~ 3 日，江苏首次在国庆期间实施"填谷"电力需求响应，并在国内首创竞价模式，最大填补低谷负荷 142 万 kW，累计"削峰填谷"719 万 kW，促进了清洁能源消纳，保障了江苏电网安全稳定运行。江苏理士电池有限公司的储能电站在此次电力需求响应中发挥削峰填谷作用，6 次累计填谷 5.32 万 kW，在没增加成本的情况下获得约 12 万元的奖励。

（2）2018 年 6 月，上海市经信委批复关于《国网上海市电力公司关于开展端午期间电力需求响应工作的请示》，积极探索互联网、智能用户端、分布式、可再生能源、储能、蓄能技术、充电桩等新技术应用示范，继续开展电力需求响应试点工作，在 35℃以上的高温日普遍开展；暂执行避峰补偿标准，每千瓦每小时补偿 0.80 元，折合 5 元/kW，采取电费退补方式予以补偿。

（3）2018 年 6 月，河南发改委发布了《关于 2018 年开展电力需求响应试点工作的通知》（豫发改运行〔2018〕462 号），通知中称，对在响应日的前日完成邀约、确认，并在约定时段完成负荷削减的用户，每次每千瓦补贴 12 元；对在接收到响应指令后，实时确认参与并完成负荷削减的用户，每次每千瓦补贴 18 元。

（4）2018 年 7 月，山东省经信委会同山东省物价局制定印发了《关于开展电力需求响应市场试点工作的通知》（鲁经信电力〔2018〕244 号），将通过经济激励政策，采用负荷管控措施，调节电网峰谷负载，削峰填谷缓解供需矛盾。交易需申报响应量和补偿价格，其中补偿价格为每响应 1kW 负荷需要的补偿费用，最高暂定不超过 30 元。

6.3　微电网黑启动

随着电网规模不断扩大，潜在的大电网全停事故发生的危险性也在增加。2003 年 8 月北美发生美加大停电事故，随后英国伦敦、意大利等地也出现了大面积停电事故。在发生大停电事故后，制订有效可靠的恢复方案，快速地恢复系统供电，对电网来说有重要的意义。

电力系统发生停电事故后，整个网络就会解列为很多停电的小系统，此时个别孤立的系统可能仍在运行。电网通过内部具有自启动能力的发电机组带动无自启动能力的机组发电，最终实现整个系统电力恢复的过程，即电力系统的黑启动。微电网的黑启动能力既可以保证关键负荷供电和微电网的连续稳定运行，在一定条件下还可以为大电网的恢复提供黑启动电源，缩短了整个系统的恢复时间，减少停电造成的损失。

6.3.1　微电网黑启动电源的类型

微电网的黑启动主要靠具有黑启动能力的电源带动非黑启动电源，进而逐步实现整个系统的恢复。因此，黑启动电源在微电网的黑启动中起着决定性的作用。微电源具备如下两个条件就有可能实现黑启动：一是在微电源电能转换的直流侧并联适当的储能装置（蓄电池或超级电容器）；二是采用电压控制方式以建立低压配电网络。因此微型燃气轮机、柴油发电机、燃料电池及大容量储能单元都可以成为黑启动电源。

目前大部分电网都是利用水轮机和燃气轮机作为黑启动电源，储能电站作为备选，主要是因为：火电厂没有厂用电时无法启动，而水轮机和燃气轮机对厂用电的要求较低，容易启动，但水电站通常位于距离城市电网较远的边远地区，并且水电机组调速系统反应较慢，这些缺点在一定程度上限制了其作为黑启动电源的能力；燃气轮机在启动初期时需要外部动力把机组带至一定的转速才能点火升速；储能电站可作为配电网中的分布式电源，当主电网发生故障或进行检修、维护时，储能电站离网独立运行，并在电网恢复正常之后可以随时并网，在主电网发生崩溃全黑后，储能电站进入孤岛运行状态，运行在电压源模式，相当于一台发电机。此时储能电站可以作为一种黑启动电源，参与电网的黑启动。

6.3.2　微电网黑启动优化选择

在微电网的黑启动过程中，微电网一定是脱离大电网运行在孤岛模式下的，因此在确保黑启动电源满足基本要求的前提下，在微电网中还需要一个主参考源来提供系统的参考电压和频率。

微电网黑启动过程中具有黑启动能力的主参考电源应具备的特征包括：能快速实现自身的黑启动；能够提供稳定的电压及频率；能快速跟踪负荷变化以免产生大幅波动。储能电站、微型燃气轮机、燃料电池及柴油发电机良好的负荷跟随及抗扰动特性，是微电网黑启动的最佳选择。

6.3.3　储能电站参与黑启动的基本原理

储能电站作为有源型储能装备，可以在电网峰荷时向电网输出功率，分担区域电网的供电任务。在电网处于谷荷状态时，电网给储能电站充电，把电网中多余的电能储存起来，功能类似于抽水蓄能电站，当电网出现短时和长时故障或因故障全黑时，储能电站进入相应的运行状态：短时同步、长时同步和孤岛运行。在短时和长时故障修复后，储能电站和电网重新无缝同期。孤岛运行的储能电站完全依靠储存的电能维持自身的运行，并且可以给区域内的重要负荷供电。

6.3.4　储能电站作为黑启动电源的优势

系统中的重要负荷和储能电站多位于市区，在系统故障后可以迅速地对重要负荷供电。其次，在电网崩溃之后，大量的储能电站都处于孤岛运行状态，储能电站可以通过控制策略运行于电压源模式，其独立的控制系统可以调节孤岛运行时的电压、频率和相位，可以随时作为黑启动电源参与电网的黑启动。

当含有储能电站的电网进入全黑状态时，储能电站与电网脱离，并采取一定的控制策略保持自身孤岛的稳定运行，孤岛运行的储能电站在参与黑启动时，只保留了站内的第三种负荷，因此自身用电很少，类比于其他黑启动电源，厂用电负荷很小，这也就很好地保证了储能电站能以最小的启动功率参与黑启动。

储能电站作为黑启动电源的优势如下：

（1）启动方案简单。传统大电网在黑启动过程中，由于输电线路太长，线路的分布电容可能会使得同步发电机产生自励磁现象，机端电压将自发增大，越来越高，带来不安全的因素，甚至导致事故。而储能电站不存在自励磁的问题，可以提高启动成功的概率。此外，在以储能电站作为黑启动电源的方案中，储能电站可以快速为其他非黑启动电源提供同步电压，可以大大减少同期点的设置，从而使黑启动的方案简化。

（2）启动时间短。传统的黑启动方案多是利用水电机组启动火电机组，水电站本身的成功自启动是有一定概率的，并且水电站多位于偏远地区，很可能会由于线路问题或者操作时间过长导致送电失败；储能电站随时可以参与黑启动，而且位于市区，送电时间要比水电机组短。

（3）成本优势。从黑启动成本方面来说，专门设置的火电机组等电源要比储能电站大得多，除了初期比较大的静态投资之外，在平时闲置时候还要进行定期的维护和试验，保证在发生意外事故的情况下，它能够成功启动。而储能电站可以直接参与电网的运行，具有一定的经济收益，平时的运行成本比黑启动电厂维护费用要少，并且储能电站一直运行在热备用状态，在需要参与黑启动时只要进入运行模式即可，经济且环保。

储能电站黑启动完全满足黑启动的基本原则为：启动功率小，一次启动成功率高，可以优先给区域重要负荷供电，并且采用向上恢复的方法完成电网黑启动，加快恢复进程；储能电站参与黑启动可以有效解决局部电网黑启动电源不足的问题，对电力系统崩溃后的恢复具有重要意义，减少大停电损失；与传统黑启动电源相比，储能电站参与黑启动时，启动速度更快，更加经济，更加可靠，具有非常广阔的前景。

6.4 工商业智慧能源管理系统

在工商业厂区屋顶，安装太阳能组件，再加上储能系统，就可以发电了。光储系统除了可以提供清洁能源外，还可以利用峰谷电差价为公司节省电费，当电网停电时，替代柴油机成为备用电源。目前蓄电池成本比较贵，单纯依靠光伏发电和峰谷差价，一般五六年才能收回成本，投资收益不是很高。其实光储系统除了这些功能外，还有更多用途：控制中心有多个智能核心，还可以处理除光储系统外别的事情；有多个对外通信接口，原则上可监控所有的用电设备；储能逆变器为电力电子四象限拓扑结构，有功无功自由可调。实现这些功能只需要投入少量的费用，但是能产生更多的经济效益，三四年就能收回成本，经济投资性变得很高。

6.4.1　工商业智慧能源管理系统概要

工商业智慧能源管理系统利用物联网，联系大电网、分布式能源站、能源用户，并借助能源管理系统，实现工商业园区综合能源系统的灵活可控，促进清洁能源的开发，实现电能、热（冷）能等的综合利用、相互转化和存储，全面降低用能成本，提升经济效益，减少污染物排放；帮助企业进行高效的能源管理，改变能源的使用习惯，规范和加强能源管理。

工商业园区有冷、热、电等负荷需求，各类负荷均从各独立的能源公司采购；因此用能成本居高不下，由于输送过程损耗大、低品位能源无法二次利用等原因，致使能源总体利用效率低下。工业电价又分峰平谷三种电价，有的省份峰谷价格相差 3 倍以上，计费标准又分普通工商业、大工业变压器容量、大工业最大需求方式，如何节省电费也是一笔大学问。智慧能源系统的建设是一项系统性工程，涉及区域资源条件分析、负荷分析、用户购能意向、能源系统建设方案、财务分析等诸多方面的前期准备工作，需要构建一个强大的系统去调整。

6.4.2　智慧能源管理系统核心

（1）合理利用空间面积。建设光伏电站或者风力发电，自发自用或者余量上网，利用国家和地方补贴，为企业创造经济效益，减轻工商业容量电费能源成本。并联储能系统可以平滑间歇性新能源发电带来的负荷波动，改善系统日负荷率，并可以作为电力系统中的备用容量参与系统的调频、调峰，提高发电设备利用率，提高电网整体运行效率。

（2）实现关键设备可控可调。储能设备可以提高功率因数，降低线路损耗，减少因为功率因数低于电网要求而被罚款的情况；利用电网的峰谷价差，储能电池电价低时充电，电价高时放电，降低企业用电费用。

（3）紧急情况备用电源。当电网出现故障停电时，利用太阳能、风力、油机、储能电池等多种发电方式组成微电网储能系统，为关键负荷提供不间断电源。

（4）负荷分析与管理。利用各传感器和电能表，分析各种参数、变量对能源的影响（如天气、产量等），管理生产运行的各个环节能耗，发现设备在生产环节中低效的情况和企业能源使用过程中的浪费情况，建立各种企业需要的能源经济指标（单位产量能耗、单位面积能耗），将能源价格和成本的影响考虑到生产中，帮助企业强化能源消耗、能源核算管理，使企业管理更加科学化。

用户侧智慧能源管理基于物联网关键设备实时数据采集、传输和存储技术研究与设备多种故障诊断算法研究，利用有线通信或者无线通信手段将采集到的设备运行数据和环境数据上传到云端服务平台，经系统分析处理，并实时监控设备运行。结合海量数据挖掘，监控设备还能做到实时预警设备故障，减少事故发生可能性。用户可以更好地掌握设备的运行情况，采取必要措施进行设备巡检维护；同时可协助用户远程诊断，向客户提供针对性地服务。随着人工智能的发展，通过大数据算法可实现发电量预测、运行预警等功能。

6.5　家庭智慧能源管理系统

在自家屋顶安装太阳能组件，再加上储能系统，就可以组成一套永不停电的电源系统。光储系统除了提供清洁能源实现绿色环保外，还可以利用峰谷电差价节省电费。随着经济的发展，及人民日益增长的美好生活需要，人们对家居环境的舒适度，以及生活质量的改善的要求也越来越高。光储系统具有强大的控制能力和通信能力，通过传感器、智能开关、无线传输、互联网构成一个家庭智慧能源管理系统，进行电器管理和用电分析服务，优化家电负荷调配，降低家庭电能开销，注重家居环境的舒适度，提高生活质量。

6.5.1　家庭智慧能源管理系统概念

居民能源消耗是能源消费的重要组成部分，并随着生活水平的提升大幅增加，比重越来越大。随着新能源技术发展，居民也将成为能源生产者，如何管理家庭能源调度，也将成为电网下一步建设方向。家庭能源消费智能化管理有很好的经济和社会效益，从家庭来看，能源消费是社会的重要部分，家用电器越来越复杂，每月耗电量越来越大，管理能源家用电器使用情况逐渐成为大多数家庭共同的问题。

家庭智慧能源管理系统可以定义为采用物联网技术、嵌入式技术，将发电设备、储能设备、家用设备通过网络连接起来，组成一个整体，建立一个由家庭安全防护、网络服务和自动化组成的家庭综合服务与管理集成系统。随着智能建筑、智慧家庭、智能家居等技术的推动，未来将有数以亿计的设备接入庞大的物联网系统。"物联网 + 智慧家庭"给智能家居生活中电能管理系统发展带来了实质化的提升，也为智慧家庭电能管理技术的发展起到了积极的推动作用。

6.5.2　家庭智慧能源管理系统意义

家庭智慧能源管理领域，系统实时准确地采集用电设备的电能数据，结合公共的物联网云服务器，用户通过掌中手机 App 客户端，就可以轻松实现家用电器的实时监测及远程控制家庭用电，最终为用户提供一个舒适的家居环境，最大程度降低家庭用电能耗和温室气体排放量，推进智能电网的安全经济发展。家庭智慧能源管理系统意义如下：

（1）用户层面，通过家用电器设备管理和用电分析服务，优化家电负荷调配，督促用户养成良好用电习惯，树立绿色节能意识，降低家庭电能开销。在减轻家庭经济负担的同时，改善人们用电方式，注重家居环境的舒适度，提高生活质量。

（2）电网层面，家庭用电单元在智能电网中占据重要地位，其用电智能化程度是智能电网系统中不可或缺的一环。用户侧电能管理系统积极鼓励电网与用户之间双向互动，用户实时了解电力信息，优化、升级家庭内部电器用能状况，电力部门革新传统电力服务模式，给用户提供更全面的增值服务，最终全方位提升电网整合资源能力、安全科技水平和经济运行效率。

（3）环境层面，改变我国现有的家庭的能源结构，打造家庭绿色新生活，积极响应全社会节能减排政策。

（4）社会层面，家庭用户若配合当地电力公司实行适当电力调度，不仅可以达到节能减排的效果，也能够降低电力公用事业的投资成本、减少电力用户电费支出，有益于国家经济、环境的可持续发展。

6.5.3　家庭智慧能源管理系统方法

日常生活中，我们经常会看到居民不规范的用电操作或节能指导工作不到位导致的电能资源损失。为了改善这些负面影响，结合用户具体用电环境和系统需要达到的目标，用户侧电能管理系统功能如下：

（1）用电信息采集及控制。采集用户家庭中每个家用电器的用电信息都是通过智能控制器来执行的，主要测量电器工作电压、电流、功率因数、功率和电量等参数。然后通过无线通信模块将用电数据信息上传并存储到物联网云服务器中，利用云服务器强大的分析、处理能力，形成家庭用电信息的数据库。用户与家用电器设备在中间部件智能控制器作用下实现信息交换，实时掌握家用电器用能情况，并通过智能控制器开关操作完成家用电器的远程控制。

（2）优良体验度的系统界面。随着移动互联网 5G 时代的到来，智能手机不断完善、壮大的功能让其成为人们日常必需品，深深地影响着如今的快节奏生活。系统通过手机客户端，可以远程查看用电设备工作情况。按需要实现的功能手机客户端 App 可划分为设备管理、电能服务和个人中心三部分。

（3）家用电器用能分析服务。电能服务包含的内容有用电信息查询、用能分析和用电建议。支持用户在不同时刻、不同地点查询自己家庭使用电器的用电数据，并以直观、简洁的图形形式呈现出来供用户查看。通过对家电历史耗能信息统计分析，归纳出用户电器使用特点，然后根据家电调度策略算法模型，在实时电价下，兼顾用户用电满意度与用电费用支出最省原则，对用户采用能效管理及节能算法前后电使用情况对比分析，指引用户选择家用电器最优用电方案，向用户推荐适宜的用电建议，实现电能的优化管理。

通过用户的用电费用、二氧化碳排放量、用户满意度、可再生能源利用率等目标的优化，在不影响用户舒适度条件下，削减家庭能量消耗，实现大电网的削峰填谷，降低碳排放，提高用电效率和绿色能源利用率。

合理适当的用电设备调度能够维持电网的稳态运行，增加经济和社会效益。据资料统计表明，如果部署家庭能耗管理系统，用户能够节省的家用电器耗电量高达30%～35%，降低10%～20%温室气体排放量，降低的指数都非常高。因而，家庭电能管理具有重要的应用意义。

6.5.4　未来家庭智慧能源应用场景

未来家庭智慧能源管理系统应用后，将不再有电费账单，不再有停电，更重要的是绿色能源不再有污染，不需要通过煤炭、天然气、石油和核能得到能源。早晨只要有太阳，组件就开始收集能源，暂时用不完的电可以储存起来。

家庭智慧能源管理系统采用"可视化"设计，手机App可以控制光伏、储能、家用电器的开关，可以看到家用电器的用电量，能够及时掌握家庭的用电情况，下班回家之前可以提前打开空调，可以提前打开电饭锅，到家就可以享受合适的室内温度，米饭也可以上桌了。夜晚电价低时，开启充电桩，给电动汽车充电。

在享受舒适方便绿色的能源同时，用户的电费开支也是减少，基本上依靠屋顶光伏电站就可以满足所有的用电需求。

6.6　智慧办公室能源管理系统

随着全球商业化的兴起，各种高档写字楼、商业中心拔地而起。高端大气、宽敞舒适的办公环境，会让人心情舒畅、工作效率倍增。舒适的环境是由办公桌椅、空调、灯光等内部设施和外部的绿水青山来提供的。进行能源管理，尽量减少能源消耗，是我们的目标。光伏建筑一体化将光伏器件与建筑材料集成一体，用光伏组件代替屋顶、窗户和外墙，不仅能达到通风换气、隔热隔声、节能环保等优点，更能改善组件的散热情况，达到双优的效果，再加上储能系统，充分利用光伏系统里面的控制资源和通信资源进行管理，在增加少量成本的情况下，产生更多的功能，可以把光储的属性由投资变成硬性需求。

6.6.1　智慧办公室管理系统

对办公室各区域、设备用电状态进行监控，可监测到所有设备的电流情况，云分析用电情况，对异常用电推送消息提醒，实现预警式电流保护和潜在火灾提醒应用。采集办公室温度、光线、湿度、员工等环境状态，提供给系统，实现办公室根据环境温差等自动调节设备，实现自动化的办公环境，让员工办公更舒适、更高效。管理员不仅可以看到每个照明、空调、插座等设备的开关状态，还可以整体控制或单独设置每个办公室的工作周期情景模式，实现分区控制和一键情景控制，节省办公成本，提高管理效率。

通过无线智能化设备，可集成照明、空调、窗帘、设备电源的控制，同时对设备的用电进行采集。通过智能设备采集办公室内设备各个时间节点的能耗数据，传送到服务器并集中存储和处理，通过对比分析和诊断，提供节能减排解决方案。通过 PC 管理平台，手机移动端对办公室设备进行情景控制、数据提取、生成报表。并设置不同管理级别，可让每个员工随时随地实现便捷控制。

6.6.2 智慧能源管理系统能否省钱

虽然智慧能源管理系统不像节能灯、变频器等设备能直接带来节能效果，但是通过有效的能源管理，通过经济性指标发现设备低效的情况，帮助用户节约用电费用。据美国能源部不完全统计，有效的能源管理系统能够帮助企业节约 5% ~ 25% 的能源成本。

合理的能源投资，如分布式电站建立，采用储能技术，可有效规避在尖峰时段消耗的电能，并输送电量到电网，创造属于自己的收益，预计可每月可节约 10% ~ 30% 的电能成本。

6.6.3 光储智能控制系统

光储智能控制系统由多台储能逆变器、控制器及智能控制器组成，有很多控制核心、存储器和通信软硬件，这些资源在光伏发电时还有很多冗余，当光伏不发电时，就完全在浪费资源。而智慧办公室能源管理就将这一部分的资源利用起来，用电信息数据的采集与控制功能集中在光储智能控制系统中，通过将电器接入智能控制器来实现，通过采集、处理得到的办公室各个电器设备用电数据，分析和管理办公用电行为。光储智能控制系统除了提供电源外，还拥有其他重要作用：

（1）控制功能。当主控模块发出命令请求时，智能控制器可以快速做出判断并执行相关请求，对电器的通信接口发送命令控制或者启动继电器工作，对引入的设备进行电源通断，从而达到远距离遥控电器工作模式的意图。

（2）采集功能。主要负责采集、监测电器负荷工作时的用电量信息，用户借助以上用电信息可以分析电器的负荷情况、待机功耗等，为合理安排用电提供参考。

（3）通信功能。此项功能由智能控制器内部的无线通信模块实现。它负责智能控制器与云服务器之间命令的传达和数据的传输，完成用户侧电能管理系统先进云服务功能的嵌入。

（4）分析功能。智能控制器作为用户侧电能管理系统中的下位机部分，可以根据用户的用电需求实现一些其他的功能，如定时、消除用电设备待机能耗、异常保护等。

6.6.4 智慧办公室解决方案下的新体验

通过智慧办公解决方案的改造，智能办公室将在悄无声息中提升员工的办公体验，优化企业的运作效率，降低办公空间的能耗成本。下面来感受这一全新的办公体验吧。

8∶00，安静的办公室内，智能窗帘徐徐打开，照亮整间办公室；智能空调与智能空净设备缓缓启动，彼此联动，将室内温湿度调节至最佳状态，办公室内的一切均准备就位，而这一切可以通过智慧办公室管理系统预先的设定来实现。

15∶00，通过手机 App 进行会议室预订，设置开会时间、参会人员等。会议开始，会议室内设备一键自动启动，简化会议流程；同时，会议期间，参会人员之外的人没有使用权限，无法进入会议室，确保会议流程不被打扰；会议结束，一键选择会议结束，室内设备自动关闭。

20∶00，几个同事仍在埋头加班，智能照明系统自动关闭了其他区域的灯光，留下几盏灯温柔相伴，而此时智能门禁系统防陌生人打扰的功能也静静地守护着他们，在为梦想拼搏的路上，有温暖也有力量。

通过智能办公室的打造，对企业来说不仅是工作效率的提高与能耗的降低，更重要的是环境给员工带来的幸福感提升。

6.7 光储逆变器的发展机会

最近，国内多省发布新的光伏政策，新的光伏项目必须配置储能，装机容量比例从 5% ~ 20% 不等。增加储能后，系统成本要增加 3% ~ 8%，但目前又没有储能补贴。大型电站因为采用固定电价，通常储能电站峰谷价差的套利模式用不了，组件价格居高不下，电价还要下降，很多人感慨现在做光伏真是太难了。随着光伏容量的增加，单纯的光伏发电不稳定，电网难以接受，因此光伏配置储能是一个必然的趋势。

目前光伏储能方式有两种：一种是直流耦合，光伏发电从直流端通过 DC - DC 变换进入蓄电池；另一种是交流耦合，光伏发电先逆变为交流电，再从交流端通过 DC - AC 变换进入蓄电池。目前直流耦合主要用于离网电站和小型并网储能项目，中大型储能基本上采用交流耦合，这是因为国内的并网逆变器技术和双向 PCS 技术都非常成熟。

但对于强制配置储能的大型光伏项目，交流耦合并非最佳选择。这是因为交流耦合的经济性不强，无法弥补增加储能的成本损失，而直流耦合则可以。组串超配也是大型光伏电站的一个趋势，适当的超配可以提高交流部分的利用率。但过量的超配，在光照特别好的时候，会损失一部分电量；在光照不好的时候，又不能让光伏平滑输出，但从直流侧加了储能之后，这些问题都可以解决。直流侧蓄能的原理为：常用的组串式逆变器有两级变换，前级 DC - DC 稳压，进入直流母线，后级 DC - AC 变换，在直流母线引出两根线，后面接直流电子开关和 BMS，再连接蓄电池。

直流耦合相对于交流耦合的对比优势：

（1）在光照好时，直流耦合可以充分利用超配削峰的电能来充电，减少电量损失，交流耦合没有这个功能，超配减少的费用可以弥补加装储能设备的费用。

（2）在光照一般时，直流耦合系统、光伏和蓄电池可以同时逆变，让光伏平滑输出，这个实现的难度要比用交流耦合低很多。

（3）直流电子开关和 BMS 比双向 DC – AC 变换器成本更低，效率更高。

目前市面上还没有用于大型光伏电站的直流侧耦合的变换器，这无论对跨界而来的外来者，还是暂时处于弱势的企业来说，绝对是一个好机会。直流耦合和交流耦合的储能技术路线也是如此，只有适应了趋势的技术路线，才是最好的技术路线。而配备直流储能接口的逆变器，集成直流耦合技术，成本低，功能强大，将会被投资方优先考虑。

7 储能系统设计过程

7.1 3kW 光伏离网系统设计全过程

光伏离网系统广泛应用于偏僻山区、无电区、海岛、通信基站和路灯等应用场所。系统一般由太阳电池组件组成的光伏方阵、太阳能控制逆变一体机、蓄电池组、负荷等构成。光伏方阵在有光照的情况下将太阳能转换为电能，通过太阳能控制逆变一体机给负荷供电，同时给蓄电池组充电；在无光照时，由蓄电池给太阳能控制逆变一体机供电，再给交流负荷供电。

7.1.1 离网系统主要部件介绍

1. 光伏组件

光伏组件是太阳能供电系统中的主要部分，也是太阳能供电系统中价值最高的部件，光伏组件是将太阳光能直接转变为直流电能的阳光发电装置。根据用户对功率和电压的不同要求，数个光伏组件经过串联（以满足电压要求）和并联（以满足电流要求），形成更大功率的光伏阵列。光伏系统的发电量随着日照强度的增加而按比例增加，随着组件表面的温度升高而略有下降。随着温度的变化，电池组件的电流、电压、功率也将发生变化，组件串联设计时必须考虑电压负温度系数。光伏组件有单晶硅组件、多晶硅组件、薄膜组件三种，目前单晶组件占据主流，效率较高，相同面积采用单晶组件总功率较大，但如果是相同功率，三种组件的发电量相差不多。三种组件各有其优缺点，可根据项目的特点选择，单晶效率高，但单价也高，可用于安装面积有限的场合；多晶效率稍低，但价格稍便宜，可用于经费有限的场合；薄膜组件形式多样，有柔性的、透光的、彩色的等多种，可用于 BIPV（建筑光伏一体化）等场合。

2. 太阳能控制器和逆变器

离网系统主要功能分为两部分，太阳能控制器和逆变器，其作用是对太阳能电池组件所发的电能进行调节和控制，最大限度地对蓄电池进行充电，并对蓄电池起到过充电保护、过放电保护的作用，同时把组件和蓄电池的直流电逆变成交流电，供交流负荷使用。控制器的作用是把光伏组件发出来的电，经过追踪和变换，存于蓄电池之中，除此之外，还有保护蓄电池，防止蓄电池过充电过放电等功能。控制器常用于离网系统、直流耦合的储能系统中。控制器输出是直流电，可以单独给直流负荷使用。

3. 蓄电池组

蓄电池的主要任务是储能，以便在没有光伏时间段保证负荷用电。蓄电池是离网系统中的一个重要组成部分，它的优劣直接关系到整个系统的可靠程度，然而蓄电池又是整个系统中平均无故障时间（mean time between failure，MTBF）最短的一种器件。如果用户能够正常使用和维护，就能够延长其使用寿命，反之其使用寿命会显著缩短。目前光储系统通常都是电化学储能蓄电池，它利用化学元素做储能介质，充放电过程伴随储能介质的化学反应或者变化。不同种类蓄电池的优缺点比较见表 7 – 1。

表 7 – 1　　　　　　　　　　　不同种类蓄电池的优缺点比较

种类	概述	优缺点
铅酸电池	包括密封铅蓄电池、胶体密封铅蓄电池、铅炭电池，寿命在 3 ~ 5 年，效率为 75% ~ 85%，适用于小型电站	(1) 密封式，安全可靠。 (2) 摆放容易。 (3) 免保养、免维护。 (4) 放电率高，特性稳定
液流电池	正负极使用钒盐溶液，寿命在 10 ~ 15 年，效率为 75% ~ 85%	(1) 设计灵活，充放电应答速度快。 (2) 电池使用寿命长。 (3) 能量效率高，启动速度快。 (4) 电解质溶液可再生循环使用
钠硫电池	钠硫电池的正极活性物质为液态硫和多硫化钠熔盐，寿命在 10 ~ 15 年，效率为 85% ~ 90%	(1) 能量密度大。 (2) 转换效率。 (3) 电池循环寿命高。 (4) 成本高昂
锂电池	主要包括磷酸铁锂电池和三元锂电池，寿命在 10 ~ 12 年，效率为 85% ~ 90%	(1) 耐用性较强，充放电次数高。 (2) 体积小、质量轻，环保。 (3) 价格较贵

考虑到负荷条件、使用环境、使用寿命及成本因素，有成本限制的地方一般选择胶体铅酸免维护电池或者锂电池。用户千万不要因贪图便宜而选择劣质电池，因为这样做会影响整个系统的可靠性，并可能因此造成更大的损失。

7.1.2 离网系统设计

1. 客户的用电需求和光照情况

照明 200W 每天工作 6h，冰箱 50W 每天工作 24h，电视机 50W 每天工作 10h。还有洗衣机 200W，台式电脑 200W，电饭锅 600W，电风扇 150W 等家电不定时工作，用户的负荷用电情况见表 7 - 2，项目安装地点在西藏自治区林芝。

表 7 - 2 　　　　　　　　　　　　用户的负荷用电情况

序号	负荷类型	电器	功率	每天用电量
1	阻性负荷	照明/电视机/台式电脑/电饭锅	1050W	7kWh
2	感性负荷	冰箱/洗衣机/电风扇	400W	5kWh
总计			1450W	12kWh

西藏自治区林芝光照很好，没有污染，年有效利用小时数为 1536h，每天峰值日照为 5.4h，非常适合安装光伏。

2. 系统方案设计

离网逆变器的功率要根据用户的负荷类型和功率来确认，用户最大的负荷是电饭锅 600W；感性负荷总共为 400W，最大是电风扇 150W，感性负荷按照 5 倍的峰值计算，因此用户所有负荷加起来峰值功率约 3kW，考虑到设计裕量，所有负荷不会同时启动，因此逆变器选用 3kW 的高频离网逆变器。3kW 的高频离网逆变器电气参数见表 7 - 3。

表 7 - 3 　　　　　　　　　　3kW 的高频离网逆变器电气参数

电气参数	SPF 3000
光伏侧输入	
光伏输入电压范围	60 ~ 115V DC
最高输入电压	150V DC
最大充电电流	70A
光伏最大输入功率	3500W
交流侧输入	
额定电压	230V AC
电压范围	17 ~ 270V AC（不停电模式），90 ~ 280V AC（家庭模式）
最大输出电流	13.6A
铅酸/锂电池	
额定输入电压	48V DC

组件功率要根据用户每天的用电量来确认。用户每天平均的用电量为 12kWh，当地每天峰值日照为 5.3h，离网系统的效率约 0.8，因此设计采用 340W 单晶组件 9 块，容量为 3.06kW 组件，每天能发电 16.5kWh，除去损耗给到用户大约 13kWh，基本能满足客户需要。340W 组件技术参数见表 7-4。

表 7-4　340W 组件技术参数

型号	JAM60S10-330MR	JAM60S10-340MR
最大功率（W）	330	340
开路电压（V）	41.08	41.55
最大功率点工作电压（V）	34.24	34.73
短路电流（A）	10.30	10.46
最大功率点工作电流（A）	9.64	9.79
组件效率（%）	19.6	20.2

蓄电池容量根据用户无光照时的用电量确定，白天光伏发电可以不经过蓄电池直接给负荷使用，估计用户每天晚上用电量为 10kWh，设计采用 12V/150Ah 的 8 节铅酸电池，容量为 14.4kWh，按 70% 的放电深度，可为用户提供电量 10kWh。

电气方案设计：根据逆变器输入电压最高是 150V 的限制，组件的开路电压是 41.55V，9 块组件设计采用 3 串 3 并的方式接入逆变器中，逆变器的蓄电池接口电压是 48V，8 节 12V 的蓄电池采用 4 串 2 并的方式接入逆变器中，采用 4mm² 光伏电缆，蓄电池最大充电电流是 70A，采用 16mm² 的电缆。为了安全和方便，可以在光伏输入端、蓄电池端、输入端加一个开关，光伏输入端最大电流是 32A，设计采用 40A 的直流开关，蓄电池最大电流是 70A，设计采用 80A 的直流开关，交流最大输出电流是 13.6A，设计采用 16A 的交流开关。3kW 离网电气原理图见图 7-1。

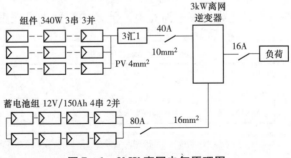

图 7-1　3kW 离网电气原理图

3. 参数调整

光伏系统各部件安装之后，在逆变器开机运行之前，先要检查各个部件是否安装正确，连接是否牢固，有没有错接、漏接等情况，确认无误后再开机；还可以根据用户的要求做一些参数和优先级的调整，如通过调节蓄电池的保护电压，可以调节蓄电池的放电深度。负荷用电和蓄电池充电模式要在逆变器运行之前设置。如果是带燃料发电机的光伏微电网储能系统，还需要设置离网逆变器的干触点信号，当蓄电池电量不足时，启动外部发电机。

7.2　50kW 光伏并离网储能系统设计全过程

在一些商业区，由于受到变压器容量的限制，光伏发电不允许上网，有的地方电网不太稳定，这些地方如果安装光伏，就比较适合采用并离网储能系统，其最大的特点是既可以并网发电，又可以储能，还可以单独离网运行。

光伏并离网储能系统主要有四种赢利方式：一是利用光伏给负荷供电，还可以设定在电价峰值时输出，减少电费开支；二是可以电价谷段充电，峰段放电，利用峰谷差价赚钱；三是如果不能上网，可以安装防逆流系统，当光伏功率大于负荷功率时，可以把多余的电能储存起来，避免浪费；四是当电网停电时，光伏还可以继续发电，不浪费，逆变器可以切换为离网工作模式，系统作为备用电源继续工作，光伏和蓄电池可以通过逆变器给负荷供电。

7.2.1　并离网储能系统技术路线对比

光伏并离网储能系统包括太阳能组件、控制器、逆变器、蓄电池、负荷等设备，技术路线很多，按照能量汇集的方式，目前主要有直流耦合（DC Coupling）和交流耦合（AC Coupling）两种拓扑结构。

1. 直流耦合

直流耦合原理图见图 7 - 2，光伏组件发出来的直流电通过控制器存储到蓄电池组中，电网也可以通过双向 DC - AC 变流器向蓄电池充电。能量的汇集点是在直流蓄电池端。

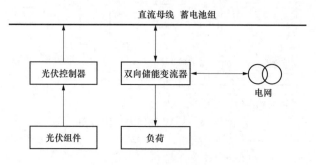

图 7 - 2　直流耦合原理图

直流耦合的工作原理：当光伏系统运行时，通过 MPPT 控制器来给蓄电池充电；当用电器负荷有需求时，蓄电池将释放电量，电流的大小由负荷来定。储能系统连接在电网上，如果负荷较小而蓄电池已充满，光伏系统可以向电网供电。当负荷功率大于光伏发电功率时，电网和光伏可以同时向负荷供电。因为光伏发电和负荷用电都不是稳定的，要依赖蓄电池平衡系统能量。

2. 交流耦合

交流耦合原理图见图 7－3，光伏组件发出来的直流电通过逆变器变为交流电，直接给负荷或者送入电网，电网也可以通过双向 DC－AC 双向储能变流器向蓄电池充电。能量的汇集点是在交流端。

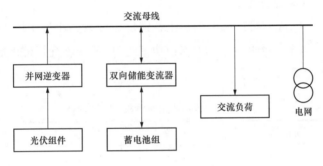

图 7－3　交流耦合原理图

交流耦合的工作原理为：并离网储能系统包含光伏供电系统和蓄电池供电系统。光伏供电系统由光伏阵列和并网逆变器组成；蓄电池供电系统由蓄电池组和双向逆变器组成。这两个系统既可以独立运行，互不干扰，也可以脱离大电网组成一个光伏微电网储能系统。

3. 方案对比

直流耦合和交流耦合都是目前成熟的方案，各有其优缺点，可以根据不同的应用场合，选择最合适的方案，以下是两种方案的对比。

（1）成本对比。直流耦合包括控制器、双向逆变器和切换开关，交流耦合包括并网逆变器、双向逆变器和配电柜。从成本上看，控制器比并网逆变器要便宜一些，切换开关比配电柜也要便宜一些，直流耦合方案还可以做成控制逆变一体机，设备成本和安装成本都可以节省，因此直流耦合方案比交流耦合方案的成本要低一点。

（2）适用性对比。直流耦合系统中控制器、蓄电池和逆变器是串行的，连接比较紧密，但灵活性较差。交流耦合系统中并网逆变器、蓄电池和双向储能变流器是并行的，连接不紧密，灵活性较好。如在一个已经安装好的光伏系统中，需要加装储能系统，用交流耦合就比较好，只要加装蓄电池和双向储能变流器就可以了，不影响原来的光伏系统，而且储能系统的设计原则上和光伏系统没有直接关系，可以根据需求来定。如果是一个新装的离网系统，光伏、蓄电池、逆变器都要根据用户的负荷功率和用电量来设计，用直流耦合系统就比较适合。但直流耦合系统功率都比较少，一般在500kW以下，超过500kW的系统用交流耦合比较好控制。

（3）效率对比。从光伏的利用效率上看，两种方案各有特点，如果用户白天负荷比较多，晚上比较少，用交流耦合就比较好，光伏组件通过并网逆变器直接给负荷供电，效率可以达到96%以上。如果用户白天负荷比较少，晚上比较多，白天光伏发电需要储存起来晚上再用，用直流耦合就比较好，光伏组件通过控制器把电储存到蓄电池，效率可以达到95%以上；如果是交流耦合，光伏先要通过逆变器变成交流电，再通过双向储能变流器变成直流电，效率会降到90%左右。

7.2.2　系统方案设计

1. 客户的用电需求和光照情况

客户是广西北海一家经营冷冻海鲜的加工、销售、冷藏的小型工厂，主要用电设备是冰柜、加工设备、包装设备、照明等，其中冰柜功率约10kW，不允许停电超过30min，白天用电量较大。客户的用电需求见表7－5。

表7－5　　　　　　　　　　　　　客户的用电需求

序号	负荷类型	电器	功率	每天用电量
1	重要负荷	冰柜	10kW	50kWh
2	感性负荷	加工设备	10kW	60kWh
3	阻性负荷	照明、包装设备	20kW	40kWh
总计			40kW	150kWh

广西北海采用三部电价制，脱硫电价为0.4207元/kWh。广西北海工商业电价见表7－6。

表7－6　　　　　　　　　　　　广西北海工商业电价

时段	8:00~9:00	9:00~12:00	12:00~17:00	17:00~22:00	22:00~23:00	23:00~8:00
分区	A区（平时段）	B区（峰时段）	C区（平时段）	D区（峰时段）	E区（平时段）	F区（谷时段）
间隔	1h	3h	5h	5h	1h	9h
电价	0.6620	1.0592	0.6620	1.0592	0.6620	0.25912

广西北海光照条件一般，但空气质量好，年有效利用小时数为1080h，每天峰值日照为3.75h，比较适合安装光伏。

2. 系统方案设计

并离网储能有直流耦合和交流耦合两种方案，根据用户的特点，光伏自用比例较大，而且白天用电量大，从效率上讲用交流耦合的方式比较好，但考虑到客户对用电的可靠性要求不高，而且预算有限，因此选择直流耦合的并离网控制逆变一体机。并离网逆变器参数见表7－7。

表 7 - 7 　　　　　　　　　　　　并离网逆变器参数

交流（并网）	30kW	50kW	120kW
额定功率	38kVA	60kVA	150kVA
有功功率	30kW	48kW	120kW
额定电压	400V	400V	400V
电压范围	360 ~ 440V	360 ~ 440V	360 ~ 440V
额定频率	50/60Hz	50/60Hz	50/60Hz
频率范围	47 ~ 51.5/57 ~ 61.5Hz	47 ~ 51.5/57 ~ 61.5Hz	47 ~ 51.5/57 ~ 61.5Hz
电流谐波	<3%	<3%	<3%
功率因数	0.8 超前 ~ 0.8 滞后	0.8 超前 ~ 0.8 滞后	0.8 超前 ~ 0.8 滞后
交流制式	3/N/PE	3/N/PE	3/N/PE
交流（离网）			
额定功率	38kVA	60kVA	150kVA
有功功率	30kW	48kW	120kW
额定电压	400V	400V	400V
电压谐波	≤1% 线性	≤1% 线性	≤1% 线性
额定频率	50/60Hz	50/60Hz	50/60Hz
过载能力	110%/10min, 120%/1min	110%/10min, 120%/1min	110%/10min, 120%/1min
直流			
最大光伏输入电压	1000V DC	1000V DC	1000V DC
最大光伏功率	33kW	55kW	132kW
MPPT 电压范围	480V DC ~ 800V DC	480V DC ~ 800V DC	480V DC ~ 800V DC
电池电压	352 ~ 600V	352 ~ 600V	352 ~ 600V

组件功率要根据用户每天的用电量来确认。用户每天平均的用电量为 150kWh，当地每天峰值日照为 3.75h，并离网储能系统的效率约 0.85，因此设计采用 360W 单晶组件 140 块，容量为 50.4kW 组件，每天能发 190kWh 电，除去损耗给到用户大约 160kWh，基本能满足客户需要。360W 组件技术参数见表 7 - 8。

表 7 - 8 　　　　　　　　　　　　360W 组件技术参数

型号	JAM60D20 - 360MB	JAM60D20 - 365MB
最大功率（W）	360	365
开路电压（V）	40.88	41.05
最大功率点工作电压（V）	33.43	33.74
短路电流（A）	11.30	11.35
最大功率点工作电流（A）	10.77	10.82
组件效率（%）	18.8	19.1

蓄电池容量根据用户无光照时的用电量来确定，白天光伏发电可以不经过蓄电池直接给负荷使用，估计用户每天晚上用电量为 50kWh，设计采用 500V/120Ah 的锂电池，总电量为 60kWh，按 0.9 的放电深度，可为客户提供电量 54kWh。

电气方案设计：组件是 140 块，采用 20 串 7 并的方式，通过一个 7 进 1 出的汇流箱接入逆变器中，选择带配电功能的并离网工频隔离一体机，汇流箱，蓄电池组、负荷、电网分别接入相应的断路器中。50kW 并网储能原理图见图 7－4。

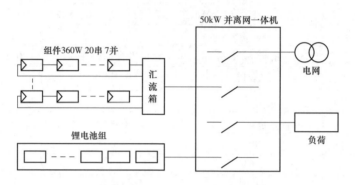

图 7－4　50kW 并网储能原理图

3. 电气功能调试

为了适应不同场合，并离网储能逆变器设计了很多功能，在应用前，要根据用户的实际要求去设置。先选择是并网模式还是离网模式，如果是并网模式，再选择蓄电池的充电模式（是光伏优先还是市电优先，还是市电只是旁路，不充电）；上网模式可以选择光伏发电自发自用余量存储和光伏发电自发自用余量上网等；峰谷价差较大的地方还可以选择削峰填谷功能。

7.3　大型工业储能设计全过程

7.3.1　项目概况

某项目位于浙江省温州市一个皮革加工厂，该厂用电量巨大，计划做一个工业储能项目节省电费开支。在电价处于低价位时期蓄电，在电价处于峰时段放电，实现电力削峰填谷。调节用户侧需求响应，可以降低电网的峰值负荷，有利于电网的安全运行，还能产生巨大的经济效益。

7.3.2　项目意义

储能系统的主要作用是负荷调节、配合新能源接入、弥补线损、功率补偿、提高电能质量、孤网运行、削峰填谷。削峰填谷能改善电网运行曲线；此外储能电站还能减少线损，增加线路和设备使用寿命。将储能设施部署在用户侧，可解决电力生产与消费不匹配和电网通道不畅的问题，改变电力"产、运、消"瞬时同步完成的特性，实现消纳清洁能源与满足电力需求的双重目的。

（1）储能设施可发挥电力"仓储"功能，改变电力产品的瞬时特性，使新能源发电机组供电稳定、安全，促进新能源技术的发展。

（2）当配电网中用户所安装的储能容量总和达到一定时，能有效地延缓配电网增容扩建，提高配电网运行稳定性，减少用电高峰时电能长距离输送所产生的损耗。

（3）用户侧储能可为用户平滑负荷，提高供电可靠性，改善电能质量。

（4）用户侧储能可实现需求侧管理，减小峰谷负荷差，并带动新型电力消费和交易模式，降低用户的购电费用。

7.3.3　用户用电现状

用户配电网络为 2 路 110kV 进线，1 号变压器在 15000kW 左右，2 号变压器在 16000kW 左右，两路进线都按照其变压器容量缴纳基本电费。

用电统计：基于以上曲线分析，1 号主变压器整体负荷波动符合公司 24h 连续生产特征，峰平谷时段在 8000～13000kW 波动。基本电费按变压器容量 20000kVA 收取，储能系统具有充足的容量进行充电，因此 1 号变压器主要限制为消纳问题。为保证电量能充分消纳，初步设计储能系统规模为 4MW/12MWh。

2 号主变压器整体负荷波动符合公司 24h 连续生产特征，峰平谷时段在 7000～16000kW 波动。考虑到基本电费按变压器容量 31500kVA 收取，储能系统充电余量和消纳均有一定限制。为保证电量能充分消纳及充电不超容，初步判断储能系统规模为 8MW/24MWh。

综合上述分析，可确定储能电站规模为 12MW/36MWh，分 2 个并网点接入。其中，1 号主变压器 10kV 低压侧接入 4MW/12MWh，2 号主变压器 10kV 低压侧接入 8MW/24MWh。

7.3.4　设计方案

项目拟建设功率为 12MW，储能电量为 36MWh 的储能电站。系统由 18 个 0.5MW/2MWh 储能单元构成，采用磷酸铁锂电池作为储能电池，分别通过 2 个并网点接入 10kV 母线。项目由 2 个并网点共接入 12MW/36MWh。其中，1 号主变压器 10kV 低压侧接入 4MW/12MWh，2 号主变压器 10kV 低压侧接入 8MW/24MWh。两个并网点分别装设双向计量装置，对储能系统充放电量进行实时计量，且通过装设逆功率保护装置，保证储能系统不向电网返送电。

系统采用 3 层 BMS 采集实时数据，经由 RS485 或 CAN 通信发送至 EMS 集中控制。EMS 可由以太网与上位机进行通信，实时监控储能电站运行情况，并通过跟踪装置调整充放电功率，在谷段及平段进行充电，并在峰时段进行放电，实现收益。

本次 BMS 是根据大规模储能电池阵列的特点设计的，该系统使用锂电池为储能单元的储能电池阵列，用于监测、评估及保护电池运行状态的电子设备集合，包括监测并传递锂电池、电池组及电池系统单元的运行状态信息，如电池电压、电流、温度、内阻及保护量等；评估计算电池的荷电状态 SOC、寿命健康状态 SOH 及电池累计处理能量等；保护电池安全等。

每个储能电池单元（0.5MW/2MWh）配置 BMS，BMS 包含三层架构分别监测电芯、电池簇和电池堆的相关运行参数。

（1）一级 BMS 监测单体电芯的电压、温度，具备电流均衡功能，支持禁用均衡、自动均衡、手动均衡和指定均衡目标电压等均衡模组。

（2）二级 BMS 监测整簇电池总电压、总电流、绝缘电阻，采集外部急停信号，高压控制盒内开关的状态量，输出故障和运行状态，二级 BMS 向三级 BMS 实时传递信息。二级 BMS 保护基本要求为：单体电池温度超温、低温、过电压、欠电压等均需具备告警和二级故障保护；电池簇过电压、欠电压、过电流、绝缘等均需具备告警和二级故障保护；电池簇配置短路保护。

（3）三级 BMS 收集系统的总电压、总电流、总功率、二级 BMS 信息，能够实时对电池系统电池 SOC、SOH、循环次数进行准确计算，并与 PCS 和就地监控装置通信完成数据转发以及相关交互操作。三级 BMS 在本地对电池系统的各项事件及历史关键变化数据进行存储，记录数据不低于国家标准要求。三级 BMS 具有全面管理电池系统功能。

7.3.5　运行策略

浙江采用三部电价制，分为高峰时段、尖峰时段和低谷时段。该工厂用电量大，进线电压为 110kV，对于高峰与低谷价差，1 ~ 6 月和 9 ~ 12 月为 0.459 元/kWh、7 ~ 8 月为 0.519 元/kWh；对于尖峰与低谷价差，1 ~ 6 月和 9 ~ 12 月为 0.659 元/kWh、7 ~ 8 月为 0.719 元/kWh。浙江三部电价制见表 7 - 9。

表 7 - 9　　　　　　　　　　　　浙江三部电价制

时段	8：00 ~ 11：00	11：00 ~ 13：00	13：00 ~ 19：00
分区	A 区（高峰时段）	B 区（低谷时段）	C 区（高峰时段）
间隔	3h	2h	4h
电价	0.7709 元/kWh	0.3119 元/kWh	0.7709 元/kWh
时段	19：00 ~ 21：00	21：00 ~ 22：00	22：00 ~ 8：00
间隔	2h	1h	8h
分区	D 区（尖峰时段）	E 区（高峰时段）	F 区（低谷时段）
电价	0.9707 元/kWh	0.7709 元/kWh	0.3119 元/kWh

由电网价格政策可以确定该峰谷电站储能系统工作模式如下。

（1）A 时区：高峰时段放电 3h。

（2）B 时区：低谷时段充电 2h。

（3）C 时区：高峰时段放电 4h。

（4）D 时区：尖峰时段放电 2h。

（5）E 时区：高峰时段停止工作及设备检修 1h。

（6）F 时区：低谷时段充电，工作 8h。

调峰储能带来的经济效益为充放电时的不同电价差价，该峰谷储能电站每天完成 2 个充放电循环。

7.3.6　安全性保障措施

电力系统中的保护为保证工作配合，都有预先严格规定的保护范围，即保护分区。在保护区内发生各种类型的故障，保护应该能够正确启动并可靠动作。储能系统一般采用广域保护方案，保护分区的划分通常根据电网的拓扑结构，采用中心站选取、边界优先分区、区域交互分区等原则。

对于电池储能电站的保护分区，直流侧分为直流储能单元保护区、直流连接单元保护区和换流系统区；交流侧分为交流滤波保护区和变压器保护区。相邻保护区之间存在相互重叠的部分，保证了所有电气设备均在保护范围内。保护区的划分与继电保护的配置密切相关：一方面，保护区内电气设备的类型不同，发生故障后的电气量及非电气量的特征不同；另一方面，相邻保护区间配合随着保护区划分的不同也存在巨大的差异。因此，储能电站保护的配置及配合都建立在保护分区的基础上。

储能电站保护的基本配置如下：

（1）直流储能单元保护配置。过欠电压保护、热保护及过电流保护、电压电流变化速率保护、充电保护。

（2）直流连接单元保护配置。配置熔断器、低压直流断路器、低压直流隔离开关及中跨电池保护，对于多储能单元，直流连接单元尽量分开连接，避免发生故障时损失更多的供电容量。

（3）换流系统保护配置。输入及输出侧过欠电压保护、过频及欠频保护、相序检测与保护、防孤岛保护、过热保护、过载及短路保护。

（4）变压器保护。一方面将逆变器输出电压升至配电网电压等级；另一方面电气隔离储能系统与配电网，降低储能系统与配网相互干扰。基本上与传统电力变压器的保护相同，配置差动保护、过欠励磁保护等。

7.3.7　收益分析

该方案基于削峰填谷应用进行电费节约收益预估，系统将根据项目负荷情况、电价政策及相关国家政策，在该储能系统的功能范围内调整调度策略，以获取最大化的综合收益。项目预期收益如下：

（1）基于用电量产生的峰谷收益。在基础电价政策不出现变化的前提下，储能电站采用一天"两充两放"削峰填谷策略运行，系统每天充电 72MWh，系统充放电效率约为 0.85，预期储能系统首年将带来约 110 万元的电费收益，15 年电费总收益约 1500 万元。

（2）其他辅助服务带来的收益。储能系统投运后可在条件成熟的情况下选择引入需求侧响应、调峰辅助服务等功能，该方案收益现金流量为削峰填谷的收益，其他未明确收益不在该预期收益现金流量中体现。

参考文献

［1］郑瑜. 电化学储能材料在储能技术的应用分析［J］. 北京：电力系统装备，2020.

［2］丁玉龙. 储能技术及应用［M］. 北京：化学工业出版社，2019.

［3］张中青. 电网侧分布式电池储能技术应用及商业模式［M］. 北京：中国电力出版社，2019.

［4］刘继茂. 无师自通 分布式光伏发电系统设计、安装与运维［M］. 北京：中国电力出版社，2019.

［5］孙建龙. 电化学储能电站典型设计［M］. 北京：中国电力出版社，2020.

［6］中国电力科学研究院. 蓄电池储能光伏并网发电系统［M］. 北京：中国水利水电出版社，2017.

［7］中关村储能产业技术联盟. 储能产业发展蓝皮书［M］. 北京：中国石化出版社，2019.